Alois Huning · Das Schaffen des Ingenieurs

Reihe: Der Ingenieur in Beruf und Gesellschaft

Herausgegeben vom Verein Deutscher Ingenieure
VDI-Hauptgruppe Der Ingenieur in Beruf und Gesellschaft

Das Schaffen des Ingenieurs

Beiträge zu einer Philosophie der Technik

Alois Huning

Dritte, neubearbeitete Auflage

Verlag des Vereins Deutscher Ingenieure · Düsseldorf

CIP-Kurztitelaufnahme der Deutschen Bibliothek

Huning, Alois
Das Schaffen des Ingenieurs: Beitr. zu e. Philosophie d. Technik. – 3. Aufl. – Düsseldorf: VDI-Verlag, 1987.
(Der Ingenieur in Beruf und Gesellschaft)
ISBN 3-18-400602-6

NE: Verein Deutscher Ingenieure/Hauptgruppe Der Ingenieur in Beruf und Gesellschaft

Printed in Germany

ISBN 3-18-400602-6

Vorwort zur dritten Auflage

Zu allen Zeiten hat sich der denkende Mensch gemüht, sich selbst und seine Weltumgebung zu verstehen. Sein Selbstbewußtsein kann er nicht vorgefertigt aus früheren Zeiten der Geschichte übernehmen; er muß es in der Bewältigung der Gegenwart gewinnen.

Unsere geschichtliche Weltsituation ist stärker als irgendeine vergangene Epoche geprägt durch den Einfluß von Naturwissenschaften und Technik. Daher kann es keine ganzheitliche Bildung und kein wirklichkeitsgerechtes Selbstbewußtsein geben, wenn nicht dieser Faktor als wesentlicher Baustein einbezogen wird. So nimmt es nicht wunder, daß Naturwissenschaften und Technik immer häufiger Thema wissenschaftstheoretischer, kulturphilosophischer, soziologischer und anthropologischer Besinnung werden.

Als ein Beitrag zur philosophischen Bewältigung der gegenwärtigen Weltsituation ist auch dieses Buch gedacht. Der Verfasser hofft, manchem Philosophen anregende Hinweise für die weitere Arbeit an den vielfältigen Aspekten des technischen Schaffens und seiner Ergebnisse und Auswirkungen geben zu können. Doch vorrangig gilt sein Bemühen der Förderung des Selbstverständnisses jener, die bestimmend unsere Welt und das menschliche Leben in ihr gestalten. Das Schaffen des Ingenieurs muß vor allem ihm selbst in der Vielfalt seiner Bezüge deutlich werden, damit er seine Verantwortung in dieser Gesellschaft als mündiger Mensch übernehmen und tragen kann. Durch solche Besinnung, welche die Enge der fachlichen Arbeit überschreitet, wird er fähig, sich nicht in bloße Dienstfunktionen zu verlieren, sondern im Konsens mit anderen selbstbewußt seinen Beitrag zur Gestaltung unserer kulturellen Lebenswelt zu leisten.

Dieses Buch, das im dauernden Gespräch mit Ingenieuren entstanden ist, wurde vor allem für Ingenieure geschrieben. Die Lesbarkeit für diesen Kreis war dem Verfasser wichtiger als weitere philosophische Vertiefung, die sich an manchen Stellen aufdrängt, jedoch späteren Arbeiten vorbehalten bleiben muß.

Mit dieser Ausrichtung des Buches möchte ich zugleich dem Verein Deutscher Ingenieure danken, in dessen Düsseldorfer Geschäftsstelle ich fünf Jahre lang die Hauptgruppe „Mensch und Technik" geleitet habe. Ohne die vielen anregenden Gespräche mit hauptamtlichen und ehrenamtlichen Mitarbeitern – vor allem in den Ausschüssen „Philosophie und Technik" sowie „Grundlagen der Technikbewertung" – wäre dieses Buch wohl nicht entstanden. Auch den Diskussionen mit meinen Studenten, zunächst an der Düsseldorfer Fachhochschule, dann an der Pädagogischen Hochschule in Neuss und vor allem an der Universität Düsseldorf, verdankt dieses Buch viel.

Denken und Reden allein hat jedoch noch kein technisches Produkt – auch das ist ja dieses Buch – Wirklichkeit werden lassen. Daher denke ich auch bei dieser Neuauflage in Dankbarkeit an Frau *S. Thielemann,* die nicht nur verschiedene Fassungen der ersten Auflage geschrieben hat, sondern mich auch durch ihre Zuverlässigkeit von mancher zeitraubenden Arbeit entlastet hat. Zugleich danke ich meiner Frau sowie meiner Mitarbeiterin *A. Heints,* die mir beim Lesen der Korrekturen geholfen haben.

Die freundliche Aufnahme der beiden ersten Auflagen ermutigt mich, dieses Buch mit einigen Verbesserungen und Ergänzungen erneut vorzulegen. Auch mit dieser neuen Ausgabe kann kein abgeschlossenes, vollendetes Bild der Technik vorgelegt werden: Philosophie der Technik bleibt mit dem sich geschichtlich wandelnden Gegenstand Technik eine dauernde Aufgabe der Besinnung und Diskussion. Dieses Buch soll ein Gesprächspartner sein.

Düsseldorf-Wülfrath, März 1986 *Alois Huning*

Inhalt

Aufgaben einer Philosophie der Technik

Wenn es Aufgabe der Philosophie ist, ihre Zeit in Gedanken zu erfassen, wenn Philosophie nach *Hegel* „identisch" ist „mit dem Geiste der Zeit, in der sie auftritt", wenn sie „das Bewußtsein des Substantiellen ihrer Zeit oder das denkende Wissen dessen, was in der Zeit ist", sein will (1)*), dann kann sie an dem Phänomen der Technik nicht vorbeigehen, dann muß sie diesen Bereich der Wirklichkeit zu ihrem Thema machen, denn es ist eine jedermann bekannte Tatsache, daß unsere geschichtliche Welt nicht mehr die Natur des Primitiven ist, sondern eine durch menschliche Freiheit gestaltete Welt. Jedes Nachdenken darüber, was die Welt in der Gegenwart besonders deutlich charakterisiert, muß daher davon ausgehen, daß wir in einer Welt der Technik leben, in einer technisch gestalteten Welt.

Jede Philosophie, die nicht damit zufrieden ist, gleichsam im elfenbeinernen Turm mit bedeutungslosen Gegenständen zu spielen, muß sich auch der Erkenntnis und Beurteilung der realen Verhältnisse zuwenden, muß der Aufklärung und Selbstaufklärung des Menschen über seine sozialen, ökonomischen und politischen Lebensverhältnisse dienen wollen, muß insbesondere dazu beitragen, daß Tragweite und Konsequenzen menschlichen Handelns reflektiert werden. Das gilt ohne Frage in besonderer Weise, wenn die Philosophie sich zum Objekt eine Wirklichkeit setzt, als deren Inhalt der Dienst am Menschen oder die Erfüllung menschlicher Bedürfnisse und Wünsche proklamiert werden, wie es bei der Technik der Fall ist.

Wenn wir in einer ersten Annäherung, die noch keine Definition zu geben beansprucht, umschreiben wollen, was Gegenstand der

---

*) Die in Klammern gestellten Zahlen verweisen auf Anmerkungen am Schluß des Buches.

Philosophie der Technik sein kann oder sein muß, so können wir davon ausgehen, daß eine Philosophie der Technik sich mit dem Arbeitsgebiet der Ingenieure und ihrer Mitarbeiter unter Einschluß seiner Auswirkungen und Wechselbeziehungen befaßt, d. h. mit dem ganzen Bereich dessen, was mit dem Wort „Technik" bezeichnet wird. Darunter aber sind hauptsächlich drei Teilbereiche zu fassen:

a) Technik ist das Strukturgeflecht unserer Welt, das uns als Resultat unseres weltgestaltenden und bedürfniserfüllenden Tuns umgibt, etwa in Gestalt von Werkzeugen, Maschinen, Versorgungs- und Verkehrssystemen. Diese Technostruktur bietet uns ein Aggregat von Mitteln, die eine arbeitsentlastende und effektive Verwirklichung von Zwecken erlauben.

b) Technik findet ihren Niederschlag als Wissen in den Algorithmen, in denen die Regeln unseres weltgestaltenden und bedürfniserfüllenden Tuns ausgedrückt sind. Dieser Begriff ist sehr weit gefaßt, da hierin die Regeln der rationalen Entscheidung, die zweckrationales Handeln festlegen, ebenso einbezogen sind wie die Regeln für das instrumentale Handeln, die vielfach als Technologien bezeichnet werden (2).

c) Die Technik besteht schließlich auch im Handeln selbst auf Grund solcher Regeln, wobei das Handeln sowohl die Technostruktur schafft und ständig verändert als auch mit ihrer Hilfe geschieht. – Besondere Höhepunkte technischen Tuns sind Erfindung, Konstruktion und Entwicklung. Aber auch das Einfügen des kleinsten notwendigen Elements oder der Anstoß und die Überwachung eines technischen Prozesses sind technisches Tun.

Da weder die vorhandene Technostruktur noch das Wissen um mögliche Wege menschlicher Weltgestaltung und Bedürfniserfüllung etwas einmal und endgültig Abgeschlossenes sind, da zudem das technische Handeln in den jeweiligen geschichtlichen Umständen ein jeweils Neues ist, kann Philosophie der Technik nie als abgeschlossen gelten. Es gehört zum Wesen der Technikphilosophie, im Wissen um die eigene im Gegenstand selbst begründete

Revisionsfähigkeit und -bedürftigkeit sich als unvollendet und unvollendbar zu begreifen.

Philosophie der Technik ist nicht neu. Sie beginnt, sobald der Mensch über die Gestaltung seiner Lebenswelt, über sein Tun und Machen nachdenkt, und sie ist ohne Frage intensiver geworden, seit wir mit Recht davon sprechen können, daß wir in einer „technischen Welt" oder in einem „naturwissenschaftlich-technischen Zeitalter" leben. Philosophie der Technik muß gewiß ständig neu das in der Historie bereits Gesagte auch am in der Zeit veränderten Gegenstand in neuem Befragen wiederholen. Aber damit ist Philosophie der Technik keine historische Disziplin. Aus der Interpretation historischer Texte läßt sich fraglos manche Anregung gewinnen zur Deutung dessen, was in unserer Zeit Objekt, Thema, Wirklichkeit als Gegenstand ist. Aber der Gegenstand der philosophischen Arbeit ist eben diese Wirklichkeit selbst. Dabei ist es meine Überzeugung, daß gerade hier Philosophie in einem vorzüglichen Sinne die Chance hat, wie zu vielen Zeiten ihrer glanzvollen Vergangenheit neu Anreger, Warner, Zweifler und Prüfer nicht nur ihres unmittelbaren Gegenstandes, sondern auch der Geschichte unserer Zeit zu werden.

Solche Philosophie ist zunächst Epistemologie als Erkenntnis- und Wissenschaftstheorie. Sie ist sodann Bemühung um eine neue Einheitswissenschaft oder gar um eine neu zu gewinnende gemeinsame Weltanschauung und ist damit auch wesentlicher Teil einer Anthropologie, die aus der Zusammenarbeit verschiedener Disziplinen als Verstehen des Menschen und als Aufklärung über sein individuelles und soziales Sein entwickelt wird. Damit ist dieser Philosophie nach der Interpretationsaufgabe, nach der Deutung der Wirklichkeit, auch das Bemühen um Integration aufgetragen, das die Einfügung von Einzelerkenntnissen in eine Gesamtschau zum Ziele hat. Dieses Ziel läßt sich aber nur erreichen, wenn solche Philosophie unter dem Gesichtspunkt emanzipatorischer Relevanz erarbeitet und dargestellt wird, wenn die die Verflechtungen und wechselseitigen Abhängigkeiten der Menschen in der Industriegesellschaft deutlich macht und Wege aufzeigt, wie der Mensch in dieser Umwelt sich möglichst sinnvoll verwirklichen und gestalten kann. Das heißt aber auch, daß in der Philosophie sowohl die Voraussetzungen der Technik im sozialen, ökonomischen und politischen Bereich wie auch ihre Auswirkungen darauf notwendig mit bedacht werden müssen. Tieferes Eindringen in die Realität von Technik und Gesellschaft kann sich daher auch der Frage nach Norm und Maßstab nicht verschließen oder der Frage nach der Richtung, in welche die Technik gesteuert werden soll, so daß Prognose und Planung im sozio-ökonomisch-politisch-technischen Wirklichkeitskomplex Gegenstand kritischer Prüfung werden müssen.

Diesen Anforderungen zu genügen, ist Aufgabe des Philosophen, denn es geht um Philosophie. Aber der Philosoph kann hier seine Aufgabe nur lösen, wenn er sie als dialogische versteht, wenn er sie im Gespräch mit den Beteiligten angeht, mit denen, welche die Technik und ihre Fortschritte erarbeiten, und mit denen, die in der Gesellschaft von der Technik betroffen sind oder über sie verfügen.

Der Philosoph kann nicht ohne den Ingenieur über die Technik zureichend nachdenken, da dieser die Ebene der sachlichen und fachlichen Tätigkeit durchschaut, überschaut und beherrscht, jene Ebene, zu der die Arbeit der Philosophie die Theorie oder die Metaebene darstellt. Dabei ist allerdings zu beachten, daß der Ingenieur nur die Spitze – oder die Grundlage – technischen Schaffens bedeutet und daß er wie die vielen anderen nicht nur Schaffender, sondern auch Verbraucher und Betroffender ist.

Technikphilosophie kann als System nicht aus umfassenderen Systemen und allgemeinen Wahrheiten in der Ganzheit ihrer Wirklichkeitsgestalt abgeleitet werden, sie muß vielmehr gleichsam als zum Begriff gebrachte Wirklichkeit aus eben dieser Wirklichkeit abgelesen und an ihr gemessen werden.

Für den Philosophen als Philosophen antwortet die Philosophie der Technik auf sein Erkenntnisstreben; die Gesellschaft mit ihren Gliedern gewinnt Orientierung in ihrer Lebenswelt, so daß durch eine Philosophie der Technik Integrationsarbeit im Sinne humaner Bildung geleistet wird. Für den Philosophen und für alle Glieder der menschlichen Gesellschaft leistet solche Philosophie zugleich das, was sie für den Technikschaffenden zuvörderst leistet, nämlich die Erfüllung einer emanzipatorischen Funktion, indem sie ihm seinen Ort in den sozio-ökonomisch-politischen Zusammenhängen verdeutlicht und ihm in diesem Komplex seinen Freiheits- und Handlungsspielraum aufzeigt, der zugleich der Raum seiner Verantwortlichkeit ist.

Dieser Wirklichkeits- und Praxisbezug der Technik und des Nachdenkens über sie macht es verständlich, daß gerade in den letzten Jahren die Probleme einer Philosophie der Technik besondere Aufmerksamkeit fanden, da sich hier auch der Diskussion anderer Systeme und Denkansätze mit den Varianten des dialektischen Materialismus ein besonders geeignetes Feld bietet (3). Es wird wohl keinen ernsthaften Denker geben, der diesen Anfang sachlicher Diskussion nicht als Fortschritt gegenüber der bloßen Polemik vergangener Jahre betrachtet. Auch dieses Gespräch kann jedoch fruchtbar nur dann geführt werden, wenn immer wieder der Rückgriff auf die Sache gelingt, über die das Gespräch geht, wenn im philosophischen Gespräch über die Technik auch die Technik selbst sprechen kann, als deren Wortführer der Ingenieur immer wieder befragt und gehört werden muß.

Geschichtlicher Rückblick

Es ist nicht uninteressant, rückschauend die Entwicklung der Technik zu überblicken, ihren geschichtlichen Werdegang nachzuzeichnen, den prägenden Einflüssen nachzugehen, die sie auf die verschiedenen Epochen der Menschheitsentwicklung ausgeübt hat, oder aufzuzeigen, warum bestimmte Gesellschaftsformen bestimmten technischen Entwicklungen zugehören (4). Genau so interessant ist es zu verfolgen, wie die Technik beurteilt und bewertet wurde, was man als ihr Eigentliches betrachtet hat, kurz die Geschichte philosophischer Überlegungen zur Technik sich zu vergegenwärtigen (5).

Der Wortgebrauch

Schon die Geschichte des Wortgebrauchs gibt hier wertvolle Hinweise (6). „Technik" geht zurück auf das griechische Wort „τέχνη", dessen indogermanische Wurzel „flechten" bedeutet, „das Flechtwerk eines Hauses zusammenfügen" (7). Dieser ursprüngliche Wortsinn findet sich noch in unserer Berufsbezeichnung „Architekt". Das Wort „τέχνη" im klassischen Griechisch ist an keine besondere Tätigkeit gebunden, sondern kann prinzipiell alle Arten menschlicher Tätigkeit bezeichnen, was auch in den deutschen Übersetzungen dieses Wortes zum Ausdruck kommt, die von „Handwerk", „Kunst" und „Können" bis zur „List" reichen. Schon im klassischen Griechisch gibt es die Technik des Arztes, die Technik des Handwerkers, die maschinenbauende Technik, aber auch eine Beweistechnik und eine Liebestechnik. Bei *Aristoteles* findet die Technik ihren Platz zwischen dem Erfahrungswissen, der Empirie, und dem durch Grundwahrheiten gesicherten Wissen der Wissenschaft. Technik ist zwar ausgerichtet auf das Veränderliche und auf Einwirken des Menschen auf Bereiche, die der Veränderung unterliegen, aber es ist nie ein blindes Versuchen, sondern diese Einwirkung geschieht im klaren Wissen um die Möglichkeiten der Veränderung (8).

Im 16. und 17. Jahrhundert häufen sich durch das humanistische Interesse für die alten Sprachen Wortbildungen, die sich auf das griechische Wort „τέχνη" stützen, in allen europäischen Sprachen. Als frühestes Zeugnis für die Übernahme des griechischen Wortes in das neuzeitliche Latein gilt bisher das 1540 in Venedig erschienene Werk „De la Pirotechnia libri X" des Italieners *V. Biringuccio.* Bald finden sich auch Zusammensetzungen mit dem Adjektiv „technicus", das „zur Kunst gehörig", „in den Künsten bewandert" bedeutet. Im umfassenderen Sinne von „künstlich hergestellten Dingen" finden wir das Wort „technica" als Titel eines 1664 erschienenen Buches von *C. Schott:* „Technica curiosa". Die eingedeutsche Form „Technik" (Technick, technic) tritt zum ersten Male in dem neunbändigen Hauptwerk von *J. Leupold* auf, das ab 1724 in Leipzig erschien, hier allerdings in der Zusammensetzung „Hydrotechnik", Wassertechnik (9).

Eine eigene Untersuchung des Technikbegriffs bei *I. Kant* steht noch aus, doch hat *Kant* die Technik durchaus beachtet und den späteren Wortgebrauch mitbestimmt. Bei ihm steht „Technik" für „erworbene Geschicklichkeit", sie wird mit dem „praktischen Vermögen" des Menschen in Verbindung gesetzt und dem „theoretischen Vermögen" gegenübergestellt. Zur Technik gehört alles Handeln und Wirken nach „bloßen mechanischen Gesetzen" (technica naturalis) oder nach „Prinzipien und Regeln der Zweckmäßigkeit" (technica intentionalis). Der Mensch hat also auch so etwas wie eine „technische Urteilskraft", die ihn befähigt, nach Prinzipien zweckmäßig zu handeln (10). Dieser weite Sprachgebrauch hat sich in der deutschen Umgangssprache durchgesetzt; daneben hat sich jedoch ein engerer Sprachgebrauch gehalten und weiterentwickelt, der etwa dokumentiert wird durch das 1822 erschienene Buch von *A. Koelle* „System der Technik", worin Technik definiert ist als die auf Unterwerfung der Natur gerichtete erwerbsorientierte Arbeit. Der Entwicklungsgang der Technik bis zu ihrer heutigen Vollendung ist in der Einleitung dieses Buches bereits vorgezeichnet:

„Die höchste gegenwärtige Aufgabe für die Technik ist, die angefangene Amalgamation mit der Wissenschaft zu vollenden. Die Wichtigkeit dieser Tendenz ergiebt sich aus der Betrachtung, daß beide von entgegengesetzten Gesichtspuncten ausgehen, die Technik von der Erfahrung und mit der klarsten wissenschaftlichen Ansicht, als Resultat des Ganzen, schließend, und die Wissenschaft, mit geistiger Abstraction beginnend und die vollkommenste Verwirklichung der Ideen, als den höchsten Beweis ihrer Wahrheit, beabsichtigend".

„Die Technik befreundet den Menschen mit der Natur. Dadurch entstehen Gebilde, zu denen die Natur den einen Factor hergiebt – den Stoff, und der Mensch den anderen – die Arbeit. Klar ist, daß die Producte, welche durch die Multiplikation beider entstehen, von unendlicher Mannigfaltigkeit sein müssen, weil beide Factoren unendlicher Abstufung fähig sind. Es bildet sich dadurch eine Reihe, welche mit solchen Producten beginnt, in denen der Stoff das Uebergewicht über die Bearbeitung hat, und mit solchen endet, in welchen die Bearbeitung das höchste Uebergewicht über den Stoff hat" (11).

Seit etwa 1960 läßt sich im westdeutschen Sprachgebiet zunehmend eine identische Verwendung der Wörter „Technik" und „Technologie" und „technisch" und „technologisch" beobachten. Dies ist eine Sprachentwicklung, die auch durch häufiges Wiederholen der Enttäuschung über verlorene Eindeutigkeiten nicht umzukehren ist.

„Technologie" ist im 16./17. Jahrhundert aus dem spätgriechischen „*τεχνολογία*" in die lateinische Sprache übernommen worden. Das Wort wird gebraucht für „Abhandlung über eine Kunst", „Kunstlehre". Philosophisch bedeutete „Kunstlehre" besonders die Systematik und Methodologie der sieben freien Künste (artes liberales). Später wird das Wort verwandt für „Sammlung und Klärung von Kunst- oder Fachwörtern", wofür man seit 1720 das heutige Wort „Terminologie" gebraucht (12).

In einem englischen Lexikon von 1706 findet sich die für den zukünftigen Sprachgebrauch wichtige Ausweitung auf die mechanischen Künste, wenn „Technology" bezeichnet wird als „A Description of Arts, expecially the Mechanical" (13).

Ch. Wolff, der „technologica" synonym mit „technica" gebraucht, bezieht auch die praktischen oder „technischen" Künste in den Gegenstandsbereich der Philosophie als der „Wissenschaft alles Möglichen" mit ein. „Das alles durchwaltende Prinzip der rationalen Erkenntnis und Erklärung aller Erscheinungen macht die artes liberales und die artes mechanicae zwar nicht in ihrem Range, aber doch in ihrer vernunftmäßigen Erfaßbarkeit gleich" (14).

Entscheidenden Einfluß auf den heutigen Sprachgebrauch, nicht nur im Deutschen, sondern auch im Anglo-Amerikanischen und im Russischen hat jedoch erst der Göttinger Philosoph und Ökonom *J. Beckmann.* Er entwickelt in seiner „Einleitung zur Technologie", die 1777 erschien, eine Technologie als Wissenschaft, die er folgendermaßen definiert:

> *„Technologie ist die Wissenschaft, welche die Verarbeitung der Naturalien, oder die Kenntniß der Handwerke lehrt. Anstat daß in den Werkstellen nur gewiesen wird, wie man zur Verfertigung der Waaren, die Vorschriften und Gewohnheiten des Meisters befolgen soll, giebt die Technologie, in systematischer Ordnung, gründliche Anleitung, wie man zu eben diesem Endzwecke, aus wahren Grundsätzen und zuverlässigen Erfahrungen, die Mittel finden und die bey der Verarbeitung vorkommenden Erscheinungen erklären und nützen soll"* (15).

Die Technologie im Sinne *Beckmanns* soll nicht die bestehenden Handwerks- und Gewerbezweige aufheben, sondern will sie verbessern und rationalisieren. Es tut sich hier ein Problem auf, dem wir in der Frage nach dem Wissenschaftscharakter der Technik nochmals begegnen werden.

> *„Die Technologie lehrt sowohl die rohen als schon bearbeiteten Materialien zu allen den höchst verschiedenen Arten des*

Gebrauchs, welchen die Menschen davon zu machen wissen, zurichten" (16).

Der *Beckmann*sche Sprachgebrauch von Technologie setzte sich im englischen, französischen und russischen Sprachraum durch und blieb dort bis in die Gegenwart erhalten, während er sich in Deutschland verengte auf die Bezeichnung der Lehre von den Verfahren zur Bearbeitung und Verarbeitung von Rohstoffen.

Der heutige Sprachgebrauch, in dem das Wort „Technologie" wieder häufiger begegnet und oft gleichsinnig mit „Technik" verwendet wird, läßt sich sicherlich als eine Art Rückwanderung verstehen, die durch fremdsprachliche Literatur und durch Übersetzungen aus ihr erklärbar ist. Dabei hat sich allerdings eine gewisse Bedeutungserweiterung durch marxistisches Gedankengut im russischen Sprachgebrauch vollzogen, in dem die ökonomischen und sozialen Komponenten des Systemzusammenhangs mit berücksichtigt werden, was im anglo-amerikanischen Bereich in letzter Zeit ebenfalls festzustellen ist. Hier ist „Technology" bisher verstanden als Wissenschaft von der Produktion und ihren Prozessen. Jetzt werden bei den Prozessen zunehmend auch die vorhandenen gesellschaftlichen Produktionsverhältnisse und ihre Veränderungen mitbeachtet (17).

Diese Bedeutungsverschiebungen blieben nicht ohne Einfluß auf die Berufsbezeichnungen. Noch heute sprechen Ingenieure von sich als von „Technikern", womit Sachverständige der Technik gemeint sind, während die eigentliche Berufsbezeichnung des Technikers und sein Ausbildungsniveau diesen unterhalb des Bereiches der Ingenieure ansiedelt. Nachdem die Berechtigung zur Führung der Berufsbezeichnung „Ingenieur" in den letzten Jahren durch fast gleichlautende Gesetze aller Bundesländer geregelt ist, kann damit gerechnet werden, daß in einigen Jahrzehnten dieser Berufsgruppenbereich durch den erforderlichen akademischen Abschluß einheitlichere Züge trägt als heute.

Auch die Bezeichnung „Technologe" beginnt heute neben „Techniker" und „Ingenieur" wiederzukehren. *Beckmann* hatte dieses Wort zuerst 1774 gebraucht. Für ihn bezeichnete der „Technologe" den Fachmann, Sachkenner, Universitätslehrer auf dem Gebiet der Technologie (18). Dieses Wort hat mit der Einrichtung der Lehrstühle für „Technologie und Didaktik des technischen Werkens" an unseren Pädagogischen Hochschulen und Erziehungswissenschaftlichen Fakultäten sowie mit den Bemühungen um eine allgemeine Techniktheorie vielleicht eine neue Chance erhalten. Bei Professoren und Studenten hat sich die zunächst wohl nur als Kürzung verstandene Bezeichnung „Technologe" jedenfalls bereits weitgehend durchgesetzt.

Ist so im Bereich der Berufsbezeichnungen immerhin einige Aussicht auf Eindeutigkeit und Einheitlichkeit vorhanden, so kann das vom Gebrauch der Wörter „Technik" und „Technologie" nicht gelten, wie etwa deutlich wird im Bericht „Technologie und Wirtschaft" des Bundesministeriums für Wirtschaft vom September 1970. Hier heißt es einleitend:

> *„Die Begriffe ‚Technologie' und ‚Technik' sind im allgemeinen Sprachgebrauch nicht eindeutig abgegrenzt worden. Auch in der wissenschaftlichen Erörterung der Probleme des wirtschaftlichen Wachstums sucht man vergeblich nach einer für diesen Bereich brauchbaren Definition. Die Wirtschaftswissenschaft versteht unter Technologie das technische Wissen, also die Gesamtheit von technischen Kenntnissen, Fähigkeiten und Möglichkeiten. Im Bereich der Technik umfaßt der Begriff Technologie etwa die Materialkunde und -behandlung. Im politischen Sprachgebrauch wird ‚Technologie' heute im gleichen Sinne wie ‚Technik' verwendet. In dieser Bedeutung wird er im vorliegenden Bericht gebraucht. Allerdings gilt das nicht für die Begriffe ‚technischer Fortschritt' und ‚technologischer Fortschritt'. Diese Begriffe unterscheiden sich wie folgt: technologischer Fortschritt beinhaltet die Erweiterung des vorhandenen technischen Wissens; technischer Fortschritt besteht demgegenüber in der Anwendung neuen technischen Wissens in Form neuer Produkte, Produktionsmittel und Produktionsverfahren in der Wirtschaft"* (19).

An dem gegenwärtigen relativ freien Sprachgebrauch, der zudem oft nicht einmal konsequent durchgehalten wird, stoßen sich vor allem Ingenieurkreise, die immer wieder versuchen, normierend in den Sprachgebrauch von „Technik" und „Technologie" einzugreifen. So schlägt *H. Grünewald* vor, „Technologie" nur dann und dort zu verwenden, wo es sich um die Bezeichnung einer Wissenschaft über die Verfahren und Prozesse der Gewinnung, Umwandlung und Bearbeitung von Stoffen handelt (20).

Technikwissenschaften sind nach *Grünewald* die Wissenschaften, welche unter Zugrundelegung von Naturgesetzen und Ergebnissen der technischen Forschung und Erfahrung sowie der technologischen Grundlagen die Erfindung und Entwicklung, Berechnung, Konstruktion, Fertigung und den Betrieb von Geräten, Maschinen und Anlagen nach optimalen wirtschaftlichen Gesichtspunkten und unter Berücksichtigung humaner, sozialer, gesellschaftspolitischer, politischer und sonstiger Auswirkungen behandeln.

Grünewald empfiehlt ferner, „Technik" „immer dann und dort zu verwenden, wo es sich um die praktische Anwendung und Auswirkung von Ergebnissen der Technologien und der Technikwissenschaften handelt". In diesem Sprachgebrauch von „Technik" sieht er umfassend auch „wirtschaftliche, humane, soziale, gesellschaftspolitische, politische und sonstige Bezüge" erfaßt, die mit der Erfindung, Entwicklung, Herstellung und Verwendung von Gütern aller Art zur Existenzsicherung der Menschheit zusammenhängen (21).

In einer Entgegnung auf solche Normierungsvorschläge plädiert *G. Ropohl* dafür, dem Sprachgebrauch die Freiheit der Entwicklung zu lassen, auch wenn dann je nach der Orientierung einzelner Schreiber und Sprecher unterschiedliche ausländische Einflüsse wirksam werden. Da einstweilen diese Freiheit des Sprachgebrauchs tatsächlich besteht, muß man sich in jedem Zusammenhang fragen, welche Bedeutung den Wörtern „Technik" und „Technologie" zukommt. Der Beibehaltung einer einmal angenommenen Terminologie in dem jeweiligen Textzusammenhang sollte daher immer besondere Aufmerksamkeit gelten. Im Anschluß an *Ro-*

pohl lassen sich hauptsächlich vier Technologiebegriffe feststellen, die man ohne verfestigende Normierung nebeneinander gebrauchen kann.

„Das ist erstens der wissenschaftstheoretische Technologiebegriff, der soviel wie Handlungswissenschaft bedeutet und dabei ‚Technik' im allgemeinen Sinne erfaßt.

Zum zweiten kann man sich eine ‚allgemeine Technologie' vorstellen – auch dieser Begriff geht auf Beckmann zurück (Entwurf der allgemeinen Technologie, Göttingen 1806) –, die als ‚allgemeine Technikwissenschaft' von den Prinzipien beliebiger technischer und sozio-technischer Systeme im ökonomischen, gesellschaftlichen und politischen Zusammenhang handelt. Dabei ist einzuräumen, daß dieser Technologiebegriff vorläufig eher programmatischen als deskriptiven Charakter hat.

Drittens kann man von ‚speziellen Technologien' sprechen, wenn man die einzelnen Bereiche der Technikwissenschaften meint. Als eine dieser speziellen Technologien hat traditionsgemäß die Technologie der Stoffgewinnung, der Stoffumwandlung und der Stoffbearbeitung zu gelten.

Faßt man schließlich die allgemeine Technologie und alle speziellen Technologien zusammen, so nähert man sich dem volkswirtschaftlichen Technologiebegriff, insofern allgemeine und spezielle Technikwissenschaften gemeinsam die Menge derjenigen technischen Kenntnisse, Fähigkeiten und Möglichkeiten repräsentieren, die in wissenschaftlichen Aussagesystemen und wissenschaftlich systematisierten und präzisierten Verfahrensregeln und Algorithmen objektiviert sind.

„Technik" wird nach *Ropohl* zumeist im Sinne von Realtechnik verstanden und bedeutet die Menge der gesellschaftlich vermittelten Maßnahmen und Einrichtungen ingenieurtechnischen Sachgestaltens und die Menge der daraus hervorgehenden gesellschaftlich verwerteten Artefakte, der technischen Gebilde und ihrer Wirkungsabläufe.

Daraus ergibt sich für *Ropohl* die Beschreibung der Technik als einer Gesamtmenge, die folgendes umschließt:

„1. die Menge der Methoden und Verfahren zweckrationalen Sachgestaltens (z. B. die ‚Technik der Metallbearbeitung'),

2. die Menge der Ergebnisse sachgestaltender Tätigkeit (z. B. Bauwerke, Kraft- und Arbeitsmaschinen, Meßgeräte),

3. das durch technisches Sachgestalten und dessen Resultate geprägte historisch-gesellschaftlich-kulturelle Phänomen (z. B. ‚die Technik im 19. Jahrhundert')" (22).

Philosophisches Bemühen um die Technik

Das philosophische Bemühen um die Technik läßt sich unter verschiedenen Gesichtspunkten erfassen und ordnen. So führt sicher eine Einteilung auf Grund der von den einzelnen Autoren vorgelegten Technikdefinitionen zu einer recht präzisen und differenzierten Zuordnung (23). Doch scheint mir eine mehr nach äußeren Kriterien vorgenommene Ordnung eine bessere Übersichtlichkeit zu gewährleisten. Ich möchte daher eine Zweiteilung des bisherigen Bemühens um philosophische Durchdringung der Technik vorlegen, nämlich die Einteilung in Technikphilosophien „bürgerlicher" und marxistischer Denker. Die Gruppe der sog. „bürgerlichen" Technikphilosophen möchte ich wiederum unterteilen, indem ich die Denker als geschlossene Gruppe betrachte, die als Ingenieure oder aus engster Verbindung zur Arbeitswelt der Ingenieure über Technik philosophisch nachgedacht haben.

Ernst Kapp

1877 erschienen in Braunschweig *E. Kapps* „Grundlinien einer Philosophie der Technik. Zur Entstehungsgeschichte der Cultur aus neuen Gesichtspunkten." *Kapp* ist Geograph und Philosoph.

Im Vorwort erklärt *Kapp,* eine Philosophie der Technik lasse sich rechtfertigen, „so weit es der denkenden Betrachtung gelingen wird, die Entstehung und Vervollkommnung der aus der Hand des Menschen stammenden Artefakte als erste Bedingung seiner Entwicklung zum Selbstbewußtsein darzulegen" (24).

Seine These ist, daß die Technik eine Projektion der menschlichen Organe ist. Gestalt und Funktion der vom Menschen produzierten Technik wie auch das Produzieren selbst bestehen in Analogien zu Mustern, die in Gestalt und Funktion des menschlichen Organismus ihre Urform haben.

„*Zunächst wird durch unbestreitbare Thatsachen nachgewiesen, dass der Mensch unbewusst Form, Functionsbeziehung und Normalverhältnis seiner leiblichen Gliederung auf die Werke seiner Hand überträgt und dass er dieser ihrer analogen Beziehung zu ihm selbst erst hinterher sich bewusst wird"* (25).

Die erste Stufe ist dabei die Projektion von menschlichen Formen auf ungeformtes Material bei der Werkzeugherstellung. Der nächste Schritt wäre die Erkenntnis von Gesetzen, Formen und Algorithmen, die im menschlichen Organismus festgestellt werden; nach ihnen wird Material funktionsfähig gestaltet, ohne daß eine bestimmte Form erforderlich wäre. Sogar das Unbewußte kann schließlich in der Technik eine Äußerungsmöglichkeit finden, so daß wir uns selbst erst an diesem konkret gewordenen Äußeren erkennen können.

Daher kann *Kapp* in den Inhalten von Wissenschaft und Technik letztlich den zu sich selbst zurückkehrenden Menschen sehen. Technik ist für ihn als Organprojektion zugleich Bewußtwerden des Menschen und Mittel zu seiner Selbsterlösung (26).

Kapp schließt sein Werk in deklamatorischem Pathos: „Hervor aus Werkzeugen und Maschinen, die er geschaffen, aus den Lettern, die er erdacht, tritt der Mensch, der Deus ex Machina, Sich selbst gegenüber!" (27).

Kapps Darstellung ist von Optimismus getragen, sie spiegelt die Geisteshaltung eines großen Teils der Techniker und Denker seiner Zeit wider. Allerdings übersieht auch *Kapp* nicht, daß sich der Mensch in der Technik seiner erschreckenden Möglichkeiten genau so bewußt wird wie seiner Größe, daß die Technik sich zu einer eigenen Welt verselbständigen kann, die dem Menschen so fremd wird, daß er fürchten muß, sie nicht mehr ganz beherrschen zu können. Daher ist seine Forderung äußerst aktuell, daß allem zentrifugalen Hinausstreben in Wissenschaft und Technik ein gleich starkes zentripetales Hineinstreben in die geistigen Tiefen des Menschen entsprechen muß, damit der anthropologische Maßstab für die Beherrschung der Technik gewonnen wird (28).

Eberhard Zschimmer

Eine ebenso optimistische, wenngleich in manchen Teilen tiefer forschende Darstellung bietet *E. Zschimmer.* Sein 1914 in Jena erschienenes Werk trägt den Titel: „Philosophie der Technik. Vom Sinn der Technik und Kritik des Unsinns über die Technik."

Auch seine Philosophie geht von kulturanthropologischen Gesichtspunkten aus, was sehr verständlich ist, wenn man bedenkt, daß erst um die Jahrhundertwende mit der Promotionsmöglichkeit die Technik als Wissenschaft und Kulturelement offiziell anerkannt wurde, wogegen die allgemeine Rezeption dieses Gedankens sich erst allmählich vollzog, ja teilweise noch heute nachzuholen ist.

Zschimmer bemüht sich bereits um eine Abgrenzung der Technik gegenüber Naturwissenschaft und Wirtschaft, um ihren kulturellen Eigenwert deutlich zu machen:

> *„Kulturprodukte versteht man nie und nimmer als Naturprodukte oder Warenwerte. Es geht dies ebenso wenig an, wie man Körper als Gegenstände der Flächengeometrie oder Probleme der Infinitesimalrechnung als arithmetische Aufgaben verstehen kann. Die Naturwissenschaft begreift an den Werken der Kultur wie an den Lebensäußerungen überhaupt, was an ihnen Natur ist, nicht was Kultur daran ist"* (29).

Besonders wichtig ist *Zschimmers* Versuch, die Eigenart des technischen Denkens philosophisch neben Erkenntnislehre und Logik, Ethik und Ästhetik aufzuzeigen:

> *„ ‚Es geht!' – In diesem alle Zuschauer durchzitternden Triumpfruf des Erfinders spricht sich ein gleich tiefer Ursprung aus Ideen aus wie in den Sätzen: Es ist wahr, es ist recht, es ist schön. Zeppelin ist Techniker als Ideenmensch, ein Typus des*

geschichtlichen Menschen, den das auf der Naturwissenschaft fußende Menschengeschlecht zum ersten Male in einer an die Sagengestalten der Antike heranreichenden Größe als Ideal vor sich sieht. Er ist der Typus des Ingenieurs, der die mit der Gemeinheit reiner Geldgier und kapitalistischer Plusmacherei scheinbar logisch verknüpfte Technik wie mit einem Schlage in das Reich der Ideen erhebt, welche die Kultur konstituieren" (30).

Zugleich grenzt *Zschimmer* diesen Gedanken des technischen Funktionierens gegenüber wirtschaftlichen Aspekten ab.

„Kein Mensch bewundert die vorzügliche Wirtschaftlichkeit, mit welcher der kühne Luftschiffer zum ersten Male Sturm und Wolken trotzt; sein Schiff mag unförmlich, mit unnützem Überfluß an Energie und Stoffen ausgestattet sein: Er kann damit fliegen, es geht – das ist es, was bewundert wird!

Ob es überhaupt ‚geht', ob es dem Menschen überhaupt möglich wird, die Lüfte zu durchkreuzen wie Meer und Länder: Darauf kommt es doch zu allererst an!

. . .

Und das hat nichts mit Ökonomie zu tun. Ja, das elende Prinzip der Ökonomie würde alles technische Schaffen, allen Wagemut, alles Schöpferische der Technik vernichten, wenn es an der Spitze stünde, wenn es die Grundidee wäre, die hier zur Wirklichkeit wird" (31).

Der Mensch gewinnt nach *Zschimmer* in der Auseinandersetzung mit der Naturwirklichkeit letztlich sich selbst und seine Freiheit, weil er im Prozeß des technischen Schaffens die uns zugängliche Naturwirklichkeit umgestaltet zu einer zweckbestimmten Wirklichkeit (32). Die Einfügung der Technik in die Naturgesetze, die zugleich Rahmen und Grenze menschlicher Freiheit bedeuten, erkennt *Zschimmer* deutlich. Zugleich wird klar, daß Technik keineswegs simple Anwendung von Naturgesetzen ist, vielmehr versucht Technik, im Rahmen und unter Beobachtung der Naturgesetze Prozesse in der Natur zweckmäßig oder nach Entschlüssen menschlicher Freiheit zu regeln.

Wie später bei *Dessauer* und *Tuchel,* so kommt auch nach *Zschimmer* der Erfindung ein besonderer Rang zu.

„Der Begriff der Erfindung hängt mit unserem Thema so eng zusammen, ja er deckt sich im Wesen . . . mit dem Begriffe der technischen Wahrheit oder des technischen Wissens . . . " (33).

„Ich definiere also: die Erfindung ist ein für das objektive technische Wissen neuer Gedanke, durch welchen erkannt wird, wie durch einen vom Menschen herstellbaren Regulator eine in der Natur nicht von selbst vor sich gehende, willkürlich zu bewirkende Regelung von Naturprozessen in bestimmter Form vorzunehmen sei" (34).

Das Verdienst *Zschimmers* über *Kapp* hinaus liegt besonders in der Analyse einiger markanter Punkte des technischen Schaffens, wie der Erfindung, sodann in der Abgrenzung der Technik von der Wirtschaft und der Begründung ihrer wissenschaftlichen Eigenart, die nicht auf Wahrheitserkenntnis, sondern auf Funktionieren für menschlich frei gesetzte Zwecke ausgerichtet ist.

Manfred Schröter

Als Sonderveröffentlichung aus dem Handbuch der Philosophie von *M. Schröter* erschien 1934 die „Philosophie der Technik". *Schröter* ist selbst nicht Ingenieur, aber er ist Professor an der Münchener Technischen Hochschule und stammt aus einer Familie hervorragender Ingenieure und Technikwissenschaftler. Für *Schröter* ist Philosophie der Technik Teil einer umfassenden Kulturphilosophie. Er faßt Technik hauptsächlich als Realitäten schaffendes Tun auf, weniger als eine Methodik des Handelns. In der Technik zielt der Mensch weniger auf die Erforschung der Natur – wenngleich das in zunehmendem Maße Voraussetzung technischen Schaffens wird –, sondern er bezweckt Bearbeitung und Veränderung der Natur, um ein Werk zu schaffen, in dem der Mensch sich selbst verwirklicht. Das technische Können nimmt für ihn eine Mittelstellung ein zwischen dem Wissen und dem Wollen. „Es erzeugt aus dem notwendigen Wissen (der erforschten

Natur) erst die Idee des zu schaffenden neuen Werkes, dessen Ausführung und Verwirklichung sich dann im Reich tätigen Handelns und wirtschaftlicher Auswertung zu bewähren hat" (35).

Das technische Schaffen gliedert sich nach *Schröter* in drei Stufen: „Die intellektuelle Aufnahme des Wissens von der Außenwelt (Erforschung), die Verarbeitung desselben in der schöpferischen Phantasie zur technischen Idee (Erfindung) und die Verwirklichung derselben in der sich nach außen entladenden Werkgestaltung des tätigen Willens" (36). Der Kulturwert liegt in der Umsetzung des freien menschlichen Willens in eine äußere Wirklichkeit, welche das sinn- und zweckvolle Werk darstellt.

Schröter macht auf die Andersartigkeit der modernen und der frühen Technik aufmerksam, wobei jedoch die Einheit beider darin zu sehen ist, daß Technik produktive Arbeit um eines sinnerfüllten Lebens willen ist; als solche ist sie gleich ursprünglich mit menschlicher Kultur überhaupt. Früher tat der Mensch alles Technische mit Hilfe seiner selbstgefertigten Werkzeuge doch selbst – in diesem Sinne hat *Kapps* These von der Organprojektion ihr Recht –, jetzt aber leistet die Maschine durch Umwandlung der Naturkräfte nach Anstoß durch den Menschen selbstätig ihre Arbeit. *Schröter* datiert also den Beginn der modernen Technik auf die Erfindung der Dampfmaschine durch *J. Watt* im Jahre 1765.

Friedrich Dessauer

Bei aller Umstrittenheit der Technikphilosophie *F. Dessauers* kann wohl kein Zweifel daran bestehen, daß ihm die größten Verdienste um die Entwicklung der Philosophie der Technik in Deutschland zukommen, selbst wenn viele Gesichtspunkte ausdrücklich als Kritik an seinen Aussagen vorgebracht werden.

Dessauers Hauptwerk ist das 1956 erschienene Buch „Streit um die Technik", in dem er selbst eine neue Auflage seiner „Philosophie der Technik" von 1926/27 sieht. Technik ist für *Dessauer* nicht nur Ware, Mittel zur Erfüllung von Wünschen und Bedürfnissen. Sie ist sogar mehr noch als Verwirklichung des Menschen in einem Werk; in der Technik findet der Geist überhaupt – als göttlicher Geist oder als Weltgeist – Ausdruck (37). Dieser Geist der Natur oder der Weltgeist ist für *Dessauer* eine Äußerung des göttlichen Geistes. Er erklärt seine religiös-gläubige Auffassung der Technik:

„*Im ganzen kann ja die Entfaltung der Technik für den optimistischen Menschen, der an den Sinn des Lebens glaubt und an eine immanente Weisheit im Geschehen, nichts Trauriges sein. Technik ist im tiefsten Wesen Fortsetzung der Schöpfung. Der Schöpfer hat die Welt nicht abgeschlossen, sondern er hat dem menschlichen Geist, den er nach seinem Ebenbild geschaffen hat, die Fähigkeit gegeben, die Erde um neue Gestalten zu bereichern, er hat nicht Räder, nicht Dampfrosse, nicht Schiffe, nicht Fernsprecher geschaffen, aber er hat den Menschen mit der Fähigkeit und mit dem Befehl ausgerüstet, nach einem vorgedachten Plan das Schöpfungswerk in unbegrenzte Weiten fortzuführen*" (38).

Der Platonismus des *Dessauer*schen Denkens wird aus dieser Hierarchie des Geistes deutlich, die eine Abfolge aufzeigt, die vom göttlichen Geist zum Weltgeist und zum Geist der Natur mit ihren Gesetzen geht und schließlich durch den Geist des Menschen gestaltend tätig wird.

Nach *Dessauer* machen drei Momente das technische Werk aus: Naturgesetzlichkeit, Bearbeitung und Zielsetzung zur Einheit (39). Der Mensch kann unter Beachtung der Naturgesetze vorhandene Realitäten so bearbeiten, daß sie nach dem Willen seiner freien Zielsetzung neue Gestalt in der Einheit einer neuen Realität gewinnen. Dabei geht *Dessauer* von der Voraussetzung aus, daß der Mensch nur das neu schaffen kann, was als Möglichkeit – von Gott – vorgeplant ist. In der Erfindung aktualisiert sich für ihn eine prästabilierte Lösung.

„*Wir machen die Lösung nicht, wir finden sie nur*" . . . „*Der technische Mensch setzt potentielles Sein vorgegebener Gestalten in aktuelle Wirklichkeit der Erfahrungswelt um*" (40).

Dessauer geht deswegen von der Erfindung aus, weil er meint, das Wesen der Technik könne vor allem oder vielleicht sogar nur dort recht erkannt werden, wo Technik entsteht (41). Technik ist nach seiner Ansicht nur möglich, weil es eine strukturelle Ähnlichkeit gibt zwischen den Realisierungswünschen des Menschen und den Möglichkeiten, die im Reich der prästabilierten Lösungsgestalten vorhanden sind. Von daher ist seine Definition der Technik unmittelbar verständlich:

„Technik ist reales Sein aus Ideen
durch finale Gestaltung und Bearbeitung
aus naturgegebenen Beständen" (42).

Dessauer erklärt das wie folgt:

„Die erste Zeile" – Technik ist reales Sein aus Ideen – „gibt die ontologische (seinsmäßige) Bestimmung: Reales Sein ging hervor aus ‚Ideen' im Sinne schöpferischer Vorstellungsbilder des Menschen, die eine Raum- oder Zeitgestalt (Gerät oder Verfahren) in ihrer Beschaffenheit (ihrem Sosein) in der Vorstellungkraft antizipieren (vorwegnehmen), so daß gilt: essentia praecedit existentiam, (das Wesen [die Beschaffenheit] geht dem Realsein voraus)."

„Die zweite Zeile" – durch finale Gestaltung und Bearbeitung – „gibt die Art der Verwirklichung an: Zielendes, menschliches Bewußtsein formt geistig und mit Hand und Werkzeug die Bauelemente so, daß sie in ihrer Verbundenheit (Ganzheit) als ihren Zweck das erfüllen, was bewußt bezielt wurde."

„Die dritte Zeile" – aus naturgegebenen Beständen – „gibt den Möglichkeitsgrund der Technik: Stoffe, Energien, Gesetze der Natur sind Vorratskammer und Begrenzung technischen Schaffens" (43).

Auch in dieser Definition, die alle technischen Lösungen als Ideen in einem getrennten Reich versammelt sein läßt, ist die Tendenz zum Platonismus unverkennbar. Für den gläubigen Christen, der *Dessauer* war, liegt die Sympathie für den Platonismus vielleicht darin begründet, daß es so möglich wird, mit dem Reiche der Ideen alles technisch Mögliche letztlich im Geiste Gottes fundiert zu sehen.

Neben diesem grundsätzlichen Bemühen um die Klärung des Begriffs der Technik gilt *Dessauers* Bemühen einigen weiteren Aspekten, die noch immer von gleich großer Bedeutung sind. Er versucht z. B. sozusagen genetisch den Vorrang und die Unabhängigkeit der Technik gegenüber der Wirtschaft darzustellen. Dazu bedient er sich des Robinson-Motivs. Ein der unveränderten Natur ausgesetzter Mensch muß entdecken, erfinden, herstellen und gestalten. Er muß in kurzer Zeit das wiederholen, „was die ältesten Menschen in Jahrzehntausenden getan haben – aus Not und Wunsch: Ausdenken, Erfinden von Geräten, Verfahren, Werkzeugen, Dingen, die ihnen halfen, das Feindliche der Umwelt zu bekämpfen, das Förderliche zu nützen. – Die Helden der Robinsonaden wurden Techniker" (44). Erst mit mehreren Menschen entsteht Gesellschaftsbildung, die zur Teilung der Arbeit und mit dem Tausch von Gütern und Diensten zu einem elementaren Markt führt. Nach *Dessauer* ist Technik früher, nämlich schon mit dem Einzelmenschen in der Welt, „Wirtschaft hat die Pluralität der Gesellschaft zur Voraussetzung, ist also seinsmäßig später" (45). Daß diese quasi genetische Erklärung der Unterscheidung von Wirtschaft und Technik dem heutigen komplexen Verbund beider nicht mehr genügt, liegt auf der Hand.

Dessauer führt jedoch noch einen anderen Unterscheidungsaspekt an, dessen Bedeutung immer noch zuzunehmen scheint. Er unterscheidet eine Wirtschaftsökonomie und eine Gegenstandsökonomie. Die vom Markt und der Gewinnnotwendigkeit her bestimmte Ökonomie der Wirtschaft verlangt Waren, die ohne überflüssigen Aufwand hergestellt werden, mit dem geringsten Verbrauch von Material, Energie und Arbeitskraft. In der Gegenstandsökonomie der Technik soll das technische Gebilde seinen Zweck so vollkommen wie möglich erfüllen. Material und Bearbeitung sollen ohne Zuviel, aber natürlich auch ohne Zuwenig eingesetzt werden (46).

Hieraus entwickelt *Dessauer* auch ein Plädoyer für die Automatisierung. Die Frage nach dem Einsatz von Menschen oder Maschinen ist nicht nur eine wirtschaftliche oder finanzielle Frage. Der Mensch als wichtigstes Element der Produktion muß als Mensch eingesetzt werden. „Er hat die geistigen, regierenden Funktionen zu übernehmen, und es ist prinzipiell anti-technisch, ihn zu rein oder überwiegend muskulärer Arbeit zu zwingen" (47).

Sind diese Überlegungen gleichsam Kreise, die sich um die Technik legen, so ist, wie *Dessauer* sagt, die Technik in der Erfindung „bei sich selbst, noch wenig vermischt und getrübt durch andere Faktoren der menschlichen Gesellschaft" (48). *Dessauer* gibt zu, daß Anlaß für viele Erfindungen Wirtschaftsinteresse, Gewinn- oder Machtstreben waren. Aber „Bedürftigkeit, Gefahr, Sehnsucht nach Freiheit, nach Emanzipation aus tierischen Lebensbedingungen, nach der Ferne, Weite, Höhe, nach Überwindung der beiden großen Trenner, Raum und Zeit, nach Wärme und Licht, Erkenntnis, Schönheit sind als Erwecker des erfinderischen Strebens mindestens so wirksam wie Macht und Gewinnstreben" (49).

Nach *Dessauer* müssen die technischen Lösungen der von menschlichen Bedürfnissen und Wünschen gestellten Aufgaben „erfunden" werden. Das dazu erforderliche Suchen im Möglichen ist nach seiner Meinung mehr als ein Erarbeiten. Dieser Meinung wird man – auch ohne die Kritik am metaphysisch-platonischen Hintergrund – heute wohl nicht mehr so leicht zustimmen, weil auch das Erfinden mehr und mehr Gegenstand methodisch-systematischer Erarbeitung wird und fast als Bestandteil in das Konstruieren aufgenommen wird. *Dessauers* starke Betonung des Erfindens dürfte teilweise aus der Begeisterung des Technikers für sein eigenes Tun zu erklären sein, denn Erfindung scheint eher ursprüngliches Schaffen auzudrücken als Konstruieren, in dem viele Ingenieure nur die eintönige Routine des Stricheziehens sehen. Das hat jedoch auch *Dessauer* selbst gesehen, wenn er zwischen Pioniererfindungen und Entwicklungserfindungen unterscheidet. Letztere sieht er relativ zahlreich in hoch entwickelten Bereichen der Technik. Aber auch das sind Erfindungen, solange sie „das Moment der neuen Qualität, des Schöpferischen, des mehr als nur Kombinatorischen haben" (50). Haben sie das nicht, dann sind sie „nur" Konstruktionen, nicht Erfindungen.

Dessauers Technikphilosophie wird von fast allen marxistischen Autoren, die über sie sprechen, heftig angegriffen. Das Hauptargument ist die angeblich ungenügende Anerkennung des Menschen als Produktivkraft. Es sei eine Entwürdigung des Menschen, ihn als Werkzeug göttlicher Schöpfungskraft zu betrachten, da so der Mensch statt Schöpfer und Beherrscher der Technik nur ihr Diener sein könne, der nach göttlichem Schöpfungsplane und -willen das ihm Zugeteilte verwirkliche (51). Hieraus ergibt sich der unbedingt ernstzunehmende Vorwurf, *Dessauers* Technikphilosophie leite die Verantwortung für die Technik und für ihre Folgen auf einen imaginären Gott ab und rede der technischen Intelligenz ein, daß sie für ihre fachliche Tätigkeit wie für die Anwendung der Ergebnisse ihrer Arbeit keinerlei Verantwortung gegenüber der Gesellschaft trage. Dagegen setzt *H. Jacob* die Auffassung des Marxismus:

> *„Dessauer mag sich noch so viel Mühe geben, das Wesen und die Rolle der Technik sowie die Gesetzmäßigkeiten ihrer Entwicklung zu mystifizieren, in historisch-materialistischer Sicht und in der gesellschaftlichen Praxis des Menschen ist und bleibt die Technik als Verkörperung der Ausnutzung und Anwendung von Naturgesetzen immer Produkt und Mittel der physischen und psychischen Arbeitstätigkeit der Menschen innerhalb ihres Stoffwechselprozesses mit der Natur"* (52).

An dieser Kritik ist sicherlich alles berechtigt, was den Finger legt auf mystifizierende Elemente in *Dessauers* Technikphilosophie, besonders auf die Ansiedlung der Ideen in jenem ungreifbaren getrennten Reich. Aber es bleibt unbestreitbar *Dessauers* Verdienst, die Technikphilosophie mit dem Selbstverständnis des Ingenieurs unlösbar gekoppelt zu haben und auf jenen Kern technischen Tuns hingewiesen zu haben, der in den Begriffen „Erfindung", „Konstruktion" und „Entwicklung" zum Ausdruck kommt.

Klaus Tuchel

Obwohl *K. Tuchel* nicht Ingenieur ist, soll er mit seiner Technikphilosophie doch in die Gruppe der philosophierenden Ingenieure eingeordnet werden, da *Tuchel* in seiner zehnjährigen Tätigkeit im Verein Deutscher Ingenieure aus engstem Kontakt und vielfältigen Gesprächen mit Ingenieuren seine Gedanken zur Technik entwickelt hat.

Von *Tuchels* Arbeiten sind vor allem zwei Bücher zu nennen, einmal die Dissertation über *Dessauer* aus dem Jahre 1964, dann sein 1967 in Bremen erschienenes Buch „Herausforderung der Technik. Gesellschaftliche Voraussetzungen und Wirkungen der technischen Entwicklung". Fast unübersehbar ist die Fülle von kleinen wissenschaftlichen und populärwissenschaftlichen Veröffentlichungen zu Problemen der Technik und des technischen Fortschritts.

Tuchels Absicht ist es, einen Beitrag zu etwas zu leisten, das er als eine der wichtigsten Aufgaben des gegenwärtigen Denkens bezeichnet, nämlich zur geistigen Durchdringung und Einordnung der Technik, zu ihrem Verständnis als Bestandteil unserer Kultur (53). Es ist seine Überzeugung – im Gegensatz zu *H. Marcuse* –, daß durch die Technisierung unserer Kultur die kritische Potenz des Menschen nicht verkümmert, sondern um neue Ausdrucksformen bereichert wird.

> *„Sehr zu Unrecht wird die Technik häufig als ein Ausdruck bloßer Berechenbarkeit aufgefaßt und dabei übersehen, daß sie in ihrer Entstehung und Gegenwart weitgehend von dem Entwurf, der Konstruktivität und Imagination der Naturwissenschaftler und Ingenieure gelebt hat und noch lebt. Diese freiheitliche Komponente der technischen Entwicklung kann in Großsystemen aufzufangen und zu bändigen versucht werden, aber gerade diese Systeme können nicht bestehen und noch weniger fortschreiten ohne die ständige Pflege und Zuhilfenahme kreativer Phantasie. Auch dort, wo man die technische Entwicklung als einen sehr rationalen und systematisierten Zusammenhang auffaßt, kann man diesen Faktor nicht leugnen, der neben seiner Nützlichkeit für die Erhaltung des Bestehenden immer zugleich auch kritische Potenz für dessen Veränderung bedeutet"* (54).

Tuchel geht es, wie hieraus schon deutlich wird, bei seinem Philosophieren zunehmend immer weniger um die Technik allein, sondern mehr und mehr um die Technik in ihren sozio-ökonomischen Zusammenhängen. So versucht er, das Konstruieren als entwerfende Rationalität zu verstehen und zur Entwicklung neuer sittlicher Ordnungen für unsere technik-bestimmte Zeit einzusetzen. Im „Kritischen Rationalismus", wie er vor allem von *K. Popper* und *H. Albert* vertreten wird, sieht er die Möglichkeit, „das Prinzip der entwerfenden Rationalität, aus dem unsere gegenwärtige Kultur weithin entstanden ist, zur geistigen Reflexion, Steuerung und Lenkung eben dieser Kultur" anzuwenden (55).

Tuchel ist überzeugt, daß sich Zielsetzungen rational diskutieren lassen, nicht nur für technische Systeme, sondern auch für die umgreifenden sozio-ökonomisch-technischen Zusammenhänge, daß auch Ziel- und Wertsysteme rational konstruiert werden können.

Schon im Ausgang von *Dessauer* hatte sich *Tuchel* wiederholt um vertieftes Verstehen dessen bemüht, was in Erfindung, Konstruktion und Entwicklung in der Technik geschieht. Zunehmend konzentriert er seine Aufmerksamkeit auf das Konstruieren. Merkmale des Konstruierens sind nach *Tuchel:*

„*a) das Verwenden von Erkenntnissen (nicht einfach ihre Anwendung),*

b) das Vorausdenken – die Vorbildlosigkeit, das Schöpferische, die Kreativität, Intuition oder wie immer man diesen unauflösbaren Rest nennen mag,

c) der bestimmte Zweck, der aus einem Bedürfnis des Menschen entsteht oder zumindest darauf bezogen ist und sich daher im Verlaufe der Zeit ändern kann, d. h. eine geschichtlich-kontingente Größe ist,

d) der Prototyp, der sich durch Funktionieren zu bewähren hat."

Daraus ergibt sich seine Definition des Konstruierens als „eine von Erkenntnissen aus Wissenschaft und Erfahrung getragene

Tätigkeit, die das Vorausdenken komplexer Zusammenhänge auf bestimmte Zwecke hin und das Schaffen eines Prototyps umfaßt, der sich dann durch Funktionieren zu bewähren hat" (56).

Gerade in der Tatsache, daß das konstruktive Element als für die Welt der Technik konstitutiv angesehen werden kann, liegen nach *Tuchel* Aufgaben und Chancen, diese technische Welt und unsere moderne Kultur zu etwas grundsätzlich Offenem zu machen: „Die technische Welt, in der so vieles auf Leistung, Sicherheit und Verfestigung angewiesen ist, muß daher durch Zweifel und Kritik immer wieder zu einer offenen Welt gemacht werden, in der die Zukunft des Menschen als Verwirklichung seiner Freiheit möglich ist" (57).

Tuchel sieht in der heutigen Technik eine Herausforderung, ihre soziale und politische Dimension zu überdenken. Wenn man das aber tut, muß man die sog. „Wertneutralität" der Technik aufgeben. Dazu erklärt er in einem Vortrag über den technischen Fortschritt und die Zukunft des Menschen:

> *„Natürlich ist es eine Banalität zu sagen, kein technisches Produkt ist von sich aus an Werte gebunden. Natürlich kann man einen Hammer zum Nägeleinschlagen oder zum Töten benutzen, die Atomenergie zu friedlichen oder zu kriegerischen Zwecken. Aber in dieser Weise über Technik sprechen, bedeutet eine unerlaubte, weil ganz ungeschichtliche Abstraktion. Jedes technische Produkt soll bestimmten Bedürfnissen dienen, soll bestimmte Funktionen erfüllen, soll bestimmte Absichten verwirklichen, und seien es die des Spiels. Wer aber hat diese Bedürfnisse, wer definiert die Funktionen, wer formuliert die Absichten? Der Mensch als individuelles und zugleich gesellschaftliches Wesen schafft und gebraucht alle technischen Gebilde zu den von ihm gesetzten Zwecken, und es ist nicht möglich, von Technik zu reden, ohne von diesem Zusammenhang zu sprechen. Wer behauptet, die ‚Technik an sich' sei wertneutral, muß sich die Gegenfrage gefallen lassen, ob wir eine ‚Technik an sich' überhaupt kennen. Es gibt sie ebensowenig, wie es den Menschen an sich oder die Kunst an sich*

gibt. Alle zur Technik gehörenden Dinge sind für den Gebrauch geschaffen, und dieser Gebrauch erfolgt niemals abstrakt, ungeschichtlich, sondern immer zu bestimmten Zwecken und in beschreibbaren individuellen und gesellschaftlichen Zusammenhängen" (58).

Eine bestimmte Rolle im Gesamt dieser Verflechtungen bilden Wirtschaftlichkeitsüberlegungen, so daß sich nach dem Bemühen um das, was das technische Schaffen selbst ausmacht, nach dem Bemühen um die Stellung der Technik im System der Bedürfnisse und Zielvorstellungen, nun insbesondere das Verhältnis von Technik und Wirtschaft als Problem stellt. Nach *Tuchel* ist zunächst davon auszugehen, daß beide keine untrennbare Einheit darstellen. Es kann prinzipiell Technik ohne Rücksicht auf wirtschaftliche Erwägungen geben. So können politische, militärische oder wissenschaftliche Zwecke die wirtschaftlichen wenigstens teilweise verdrängen. Außerdem sind nicht nur wirtschaftliche Entscheidungen Bedingungen der technischen Entscheidungen, sondern umgekehrt können auch technische Möglichkeiten zur Bedingung wirtschaftlicher Entscheidungen werden (59). Nach diesen Erläuterungen dürfte *Tuchels* Definition der Technik verständlich sein:

„Technik ist der Begriff für alle Gegenstände und Verfahren, die zur Erfüllung individueller oder gesellschaftlicher Bedürfnisse auf Grund schöpferischer Konstruktion geschaffen werden, durch definierbare Funktionen bestimmten Zwecken dienen und insgesamt eine weltgestaltende Wirkung ausüben" (60).

Tuchels Verdienst liegt auf zwei Gebieten:

- in der Herausarbeitung der technikimmanenten Wesenszüge, besonders im Bemühen um das Element des Kreativ-Konstruktiven;
- im Aufdecken der sozio-ökonomischen Zusammenhänge, wozu besonders das System der Bedürfnisse und Zielvorstellungen analysiert werden muß.

Daß sich hieraus konsequent immer stärkere Auseinandersetzungen, aber auch Annäherungen zum dialektischen Materialismus ergeben, liegt auf der Hand. Genau so verständlich ist, daß für *Tuchel* Technikphilosophie in kulturphilosophische, ethische und politische Betrachtungen einmündet.

Hans Sachsse und *Heinrich Stork*

In der Reihe philosophierender Techniker sind ferner *H. Sachsse* und *H. Stork* zu nennen. *Sachsse* war als Chemiker in verschiedenen bedeutenden Unternehmen an leitender Stelle tätig und lehrte dann Philosophie der Naturwissenschaften und Wissenschaftstheorie in Mainz. *Stork* ist nach jahrelanger Tätigkeit als Industriechemiker jetzt Professor für Chemie und ihre Didaktik an der Universität Essen.

Technik ist für *Sachsse* zunächst ein Charakteristikum des Menschen: „Die Technik ist zu einem Stück unserer Existenz geworden." „Wir haben nicht die Technik, sondern wir sind sie!" *Sachsse* sieht in der Technik einen „Umweg, über den ein Ziel schneller oder vollständiger erreicht werden kann" (61).

> *„Dem Menschen gewährt sein Bewußtsein, sein Reflexionsvermögen die Möglichkeit, sich Vorstellungen zu vergegenwärtigen, die nicht in unmittelbarem Zusammenhang mit gleichzeitigen Wahrnehmungen stehen, er kann sich von der Situation distanzieren und zwischen den Reiz und die Reaktion die Überlegung, die Repräsentation und Durchmusterung verschiedener Möglichkeiten einschalten. Diese Distanzierung erfordert einen Rückstau der Impulse, die auf unmittelbare Befriedigung drängen. Der Ackerbauer darf das Saatgut nicht aufessen, sondern muß es der Erde anvertrauen, damit es Frucht bringt. Je höher der Stand der Technik ist, umso umfangreicher, weitläufiger, langfristiger und unanschaulicher sind die Umwege und die Erstellung der Hilfsmittel"* (62).

Das Anwachsen des Umwegpotentials bedeutet aber nicht nur eine Möglichkeit der Leistungssteigerung. Darin liegt auch die Gefahr, daß sich dieses Potential von seinen ursprünglichen Zielen ablöst, so daß es immer schwerer zu durchschauen und zu beherrschen ist. *Sachsses* Anliegen ist im Grunde ein anthropologisches. Der Mensch soll in der Welt der Technik ein neues Zuhause finden. Dazu bedarf es der Aufklärung und eines neuen Bildungsverständnisses, das eine neue Ethik für unsere Zeit begründen kann. Wir müssen eine Position gewinnen, von der aus unser technisches System kontrolliert gesteuert werden kann. Weil der individuelle Mensch dazu immer weniger in der Lage ist, müssen wir zu einem überindividuellen System kommen, in welchem der Mensch als soziales Wesen die Ziele und Mittel bestimmt (63).

Im Anschluß an *H. Sachsse* plädiert *H. Stork* in seiner „Einführung in die Philosophie der Technik" für eine kosmosfreundliche Ethik (64). Gerade die Umweltkrise habe deutlich gemacht, daß es dem Menschen nicht zuträglich ist, mit der Natur beliebig zu verfahren. *Stork* läßt anklingen, daß hier die christliche Lehre Hilfe bieten kann, wenn sie den Menschen nicht nur als Krone der Schöpfung und als Ebenbild Gottes darstellt, sondern ihm zugleich das Wissen und Empfinden vermittelt, Geschöpf unter Mitgeschöpfen zu sein (65).

Gewiß sind die vorgestellten Denker nicht die einzigen, die aus ihrem unmittelbaren Kontakt zur Technik über diese philosophierend nachgedacht haben. So fanden sich gerade in der 1956 gegründeten VDI-Hauptgruppe „Mensch und Technik" immer wieder Philosophen mit Ingenieuren zusammen, wobei man sich zunächst in Auseinandersetzung mit verschiedenen Technikinterpretationen darüber verständigen wollte, was Technik ist und sein kann; darauf konzentrierte man sich auf wissenschaftstheoretische Probleme der Technik, ehe sich seit 1973 die gemeinsame Arbeit vor allem der Wertbestimmungsproblematik und der gesellschaftlichen Technikbewertung zuwandte; als Philosophen sind hieran vor allem beteiligt: *S. Moser, H. Sachsse, H. H. Holz, H. Lenk, F. Rapp, G. Ropohl* und *A. Huning*.

Als eine zweite Gruppe sei eine Auswahl größerer Denker unserer Zeit erwähnt, in deren Philosophie die Technik besonders aufmerksame Behandlung findet.

Max Scheler und *Peter Wust*

Im Vorwort zur ersten Auflage seines Werkes über „Die Wissensformen und die Gesellschaft" erklärt *Scheler* 1925, er wolle das Zusammenspiel der geistig-ideenhaften und der triebhaft-realen Determinations- und Wirkfaktoren des geschichtlich-gesellschaftlichen Lebens deutlich werden lassen. Technik geht dabei nach *Scheler* vornehmlich vom vitalen Trieb des Menschen nach Herrschaft und Macht aus. In den „Problemen einer Soziologie des Wissens" schreibt er, daß sich die entsprechenden Erfahrungen in Handlung und Arbeit an der Welt zunächst zufällig einstellen.

Das in der Technik ebenfalls wirksame Macht- und Herrschaftsstreben hat seine tiefere Grundlage in den usprünglich zweckfreien Konstruktions-, Spiel-, Bastel- und Experimentiertrieben, welche die Wurzel aller positiven Wissenschaft wie auch aller Arten von Technik sind. *Scheler* versucht, deutlich zu machen, daß die praktisch-technische Intelligenz mit dem Herrschafts- und Machttrieb in enger Relation steht (66). In dieser praktisch-technischen Intelligenz sieht er nur eine graduelle Fortbildung des tierischen Vermögens. Man kann sich vorstellen, wie wenig erfreut Ingenieure über das Wort aus der Anthropologie *Schelers* waren: „Zwischen einem klugen Schimpansen und *Edison,* dieser nur als Techniker genommen, besteht nur ein – allerdings sehr großer – gradueller Unterschied" (67).

Der Grundtrieb, der nach *Scheler* die Technik der Neuzeit leitet, ist der Trieb der menschlichen Macht und Freiheit gegenüber der Natur. In der Technik wird der Machttrieb dominant, der sich dann allerdings nicht mehr vorwiegend auf Menschen, sondern auf Sachen richtet (68). Der Techniker läßt sich dabei nicht einfach in den Dienst vorweg umschriebener Aufgaben stellen. „Die Technik ist es vielmehr, die industrielle Bedürfnisse nach neuen Wegen und Mitteln der Produktion erst von sich aus aktiv entwickelt und diese Bedürfnisse weckt und hervorruft, wie z. B. das ganze Werden der modernen Elektrizitätsindustrie klar beweist" (69).

Der Entwicklung der einzelnen Phasen der Technik entsprechend sieht *Scheler* auch die Wandlungen des wissenschaftlichen Weltbildes sich vollziehen. Er unterscheidet vier Stadien der Wissenschaft:

- magische Naturansicht der Primitiven,
- rational-biomorphe Naturansicht (Stufe der Werkzeugtechnik),
- rational-mechanische Naturansicht,
- elektro-magnetische Naturansicht (70).

Parallel hiermit geht eine immer stärkere Ausrichtung des Herrschaftswillens auf Herrschaft über Sachen. Aber *Scheler* sieht sich doch zu folgender Anmerkung veranlaßt:

> *„Der Herrschaftswille von Menschen über Menschen ist, wie jede gute Beobachtung lehrt, eben keineswegs nur ein Mittel, um über Sachen Herrschaft zu erlangen, sondern etwas, was dem Menschen – wie Kant in seiner „Anthropologie" richtig lehrt – ganz ursprünglich eigen ist und auch bei idealer Produktionstechnik nie vollkommen verschwinden würde"* (71).

Neben dem Macht- und Herrschaftstrieb nennt *Scheler* als weitere Quelle der Entwicklung der Technik die innige Vereinigung der Wissenschaft und der technisch-maschinellen Güterproduktion (72). Die wesentliche Wurzel aller positiven Wissenschaft, aller Induktion, aller Experimente ist die Arbeit, nicht die Kontemplation.

Das Abendland hat sich nach *Scheler* nur um die Beherrschung der Außenwelt bemüht, während die Asiaten auch das Erlösungswissen und das psychosomatische Steuerungswissen entwickelten. Das Abendland hat sich mit nachteiligen Folgen fast ausschließlich um die Förderung jener Wissensart bemüht, die nach *Scheler* „nur eine graduelle Fortbildung des schon tierischen Vermögens der ‚praktisch-technischen Intelligenz' ist" (73).

Diese praktisch-technische Intelligenz aber ist ausgerichtet auf die Werte des Angenehmen und Nützlichen, die eine untere Stufe der Wertskala einnehmen (74). Weit bekannt ist *Schelers* Definition:

„Alle Werte (auch die Werte ‚gut' und ‚böse') sind materiale Qualitäten, die eine bestimmte Ordnung nach ‚hoch' und ‚nieder' zueinander haben" (75). Die technischen Werte gelten dabei als Konsekutivwerte des Angenehmen und Nützlichen. Über dieser unteren Stufe erheben sich die Werte des vitalen Fühlens, darüber die geistigen Werte des Ästhetischen und des Rechten bzw. Unrechten, darüber schließlich die Werte des Heiligen.

Diese Einstellung *Schelers* zur Technik hat vor allem bei vielen Theologen stark nachgewirkt, aber etwa auch bei dem christlichen Existenzphilosophen *P. Wust,* für den die technische Intelligenz nichts weiter ist als eine Art von biologischer Lebensklugheit. *Wust* fragt allerdings im Anschluß an *Schelers* Vergleich zwischen *Edison* und dem Schimpansen, ob *Scheler* denn nicht sehe, „daß das Werkzeug genauso wie die Sprache schon die ideeierenden Akte des Geistes voraussetzt" (76).

Auch *Wust* sieht durch Naturwissenschaft und Technik die ganze Natur in die Hände des Menschen überliefert, da es eine immanente Tendenz dieser Wissensmethoden sei, „unersättlich in ihrem Vordringen in alle dunklen Gebiete der ganzen Schöpfung" zu sein (77). Aber der Mensch vermag sich durch seine vitalpraktische Intelligenz wenigstens teilweise von der Natur zu entbinden, gerade indem er sie praktisch-technisch in seinen Dienst zwingt. Nur der Mensch, der sein Inneres im Werk verleiblicht, kann im eigentlichen Sinne als ein werkschaffendes Wesen bezeichnet werden. Die Doppelnatur des Menschen – innerliches Geistesleben und in die Natur eingeschriebene Ausdrucksform – kommt auch im menschlichen Werk zur Ausprägung. Die Möglichkeit, ein Werk zu schaffen, zeichnet den Geist vor aller Natur aus. Unter Berufung auf *Scheler* schreibt *Wust:*

> *„Das Werk nämlich umschließt jenes schöpferische Neue des geistigen Tuns, und dieses Schöpfertum des Geistes hat dann nach dem Vollkommenheitsgrade seiner personalen Aseität auch die verschiedensten Stufen des schöpferischen Charakters." Wir müssen „uns vor Augen führen, wie jede freie Willenstat des Geistes im Grunde immer darauf abzielt, sich im Werk*

zu verleiblichen. Das Werk aber steht durch sein inneres Wesen auf der Grenze zwischen Natur und Geist. Es ist objektivierte Geistigkeit, insofern es die Motivationstendenzen des geistigen Willens in sich aufnimmt, von dem es geschaffen ist. Aber es ist objektiver Geist. Das vom Werkschöpfer in ihm verleiblichte Geistige ist aus dem subjektiven Motivationsbereich entlassen, es ist von der personalen Aktionsbasis abgelöst und in die Materie hineingebannt. Damit aber ist es nun auch in einem gewissen Sinne aus der Personalsphäre der Freiheit in die Sachsphäre der Notwendigkeit hinübergerückt, und der schaffende Mensch wird auf diese Weise im Werk und durch das Werk in seiner Freiheit beschränkt, ja er kann bis zu einem bestimmten Grade an das Werk versklavt, er kann von seinem eigenen Werk unterjocht werden" (78).

Der Wille des Menschen, schaffend und gestaltend in seine Welt einzugreifen, ist für *Wust* ein charakteristisches Merkmal des Menschen als geschichtliches Wesen im Gegensatz zur Geschichtslosigkeit des Tieres. „Als ‚homo faber' ist der Mensch in einer stetigen Vervollkommnungsbewegung seiner werkzeuglichen Zivilisationsumwelt begriffen" (79).

Mit *Scheler* ist *Wust* die Sorge gemeinsam, die Technik könne als Bemächtigung der Welt den Menschen Höheres verlieren lassen:

„Deshalb aber macht denn auch nicht bloß das moderne Wissen, sondern die moderne Kultur überhaupt diesen furchtbaren Eindruck einer allgemeinen Pietätlosigkeit, einer Pietätlosigkeit nicht bloß gegen das Übernatürliche, sondern auch gegen die Natur und gegen den Menschen selbst."

„So ist also die Pietätlosigkeit auf der niedrigsten Stufe in gewissem Sinne fundierend für die Pietätlosigkeit auf dieser höheren Stufe, wie denn auch die Pietät vor der Natur wieder nur ein Vorspiel für die Pietät des Menschen vor dem Mitmenschen ist" (80).

Ich glaube, das sind Gedanken, die als Warnung vor Seinsverarmung, vor Trotz und Hybris vielleicht gerade in unserer Zeit nicht überhört werden sollen, genau so wenig wie die Aufforderung, der Ehrfurchtlosigkeit ein Ende zu machen, eine Warnung, die nicht nur damals, als sie in national-sozialistischen Zeiten mutig erhoben wurde, bedeutsam war, sondern die angesichts mancher Experimente am Menschen und mit dem Menschen nichts an Aktualität eingebüßt hat. Vielleicht liegt in der von *Wust* übernommenen *Scheler*schen Wertrangordnung doch Wesentliches einer Anthropologie, die anzuerkennen vielleicht unsere einzige Möglichkeit bleibt, wenn wir die andere Alternative verhindern wollen, daß nämlich eines Tages Menschen wirklich alles machen, was technisch machbar ist.

Karl Jaspers

K. Jaspers hat sich vor allem in seinen Werken über „Die geistige Situation der Zeit" und „Vom Ursprung und Ziel der Geschichte" mit den Problemen der Technik und des technischen Zeitalters auseinandergesetzt.

Technisches Wissen ist für *Jaspers* Zweckwissen (81). Ist aber ein menschliches Wissen der Brauchbarkeit und Verwendbarkeit als Letztinstanz verpflichtet, dann besteht die Gefahr, daß der Mensch sein Selbst daran verliert. Technik als Mittel der Daseinsbewältigung muß aber vom Sinn dieses Daseins bestimmt werden. *Jaspers* definiert Technik als „das Verfahren der Naturbeherrschung durch den wissenschaftlichen Menschen für den Zweck, sein Dasein zu gestalten, um sich von Not zu entlasten und die ihn ansprechende Form seiner Umwelt zu gewinnen" (82).

Jaspers geht es bei seinen Gedanken über Technik um den Menschen. Seine Problemstellung ist anthropologisch orientiert. In Naturwissenschaft, Erfindungsgeist und Arbeitsorganisation herrscht das Prinzip der Rationalität vor. Dabei erliegt er allerdings weithin der Gefahr, die Rationalität der Technik mit jener der Wirtschaft zu verwechseln und Technik weithin nur als Massenproduktion zu verstehen. Von dorther werden auch seine Warnungen vor der Macht der Zerstörung verständlich, welche diese Technik gegenüber der Natur und dem Menschen besitzt. Das hindert ihn nicht, eine prinzipielle Neutralität der Technik zu behaupten. Die Zielsetzung kommt aus anderen Ursprüngen im Menschen, von denen damit der Technik ihr jeweiliger Sinn verliehen wird. Es gibt sogar noch positivere Äußerungen von *Jaspers,* etwa in der mit *K. Rossmann* veröffentlichten Schrift über „Die Idee der Universität", wo es z. B. heißt: „Der Boden alles technischen Tuns aber ist der gehaltvolle Wille zum Aufbau des Menschendaseins in der Welt" (83).

Wirksamer geworden sind jedoch seine Analysen über „die geistige Situation der Zeit", vor allem die Überlegungen zu „Technik und Apparat als Massendasein" und über die „Spannung von technischer Massenordnung und menschlicher Daseinswelt". Diese Entwicklung sieht *Jaspers* gebunden an die Rationalisierung des Tuns, die auf Grund von Wissen und Berechnung die Mechanisierung eines Großteils der Arbeit ermöglicht, wodurch allerdings der ausführende Arbeiter in die Gefahr gerät, selbst zum Teil der Maschinerie zu werden.

Jaspers glaubt, daß eine Analyse der Technik zeige, wie mit der Technik die herkömmlichen Gemeinschaftsformen zwangsläufig schwinden mußten, um der Massengesellschaft Platz zu machen. Die große Maschinerie der technischen Daseinsordnung ist in ihrem Betrieb auf die Masse der Arbeitskräfte, in ihrer Produktion auf Massenabsatz bei den Konsumenten eingestellt (84).

Im Grunde führt die Entwicklung der Technik nach *Jaspers* zu einem anthropologischen und kulturellen Dilemma: „Die Massenordnung baut einen universalen Daseinsapparat auf, der die eigentlich menschliche Daseinswelt zerstört" (85). Davon ist nach *Jaspers* das menschliche Bewußtsein im Zeitalter der Technik geprägt.

> *„Die Folge der Technik für das tägliche Leben ist die zuverlässige Versorgung mit dem Lebensnotwendigen, aber in einer Gestalt, welche die Lust daran mindert, weil es als selbstverständlich erwartet, nicht positiv als Erfüllung erfahren wird ... Die Gegenstände des Gebrauchs sind massenhaft hergestellt, werden verschlissen und weggeworfen; sie sind schnell auswechselbar. In der Technik sucht man nicht das Kostbare ein-*

maliger Qualität, das über Mode durch sein Nahesein im persönlichen Leben hinausgehobene Eigene, das man pflegt und wiederherstellt. Alle bloße Bedarfsbefriedigung wird daher gleichgültig; es wird als wesentlich immer nur verspürt, was nicht da ist. Die das Leben sichernde Versorgung wie auch ihr Umfang wächst, steigert das Gefühl des Mangels und die Empfindlichkeit gegen Gefahr" (86).

Bei *Jaspers* finden sich weitere bedenkenswerte Analysen über das Verhalten des Menschen in der technisierten Welt, etwa zu der als Tugend dieses Zeitalters bezeichneten Sachlichkeit, die jedoch nach seiner Ansicht nicht nur als Tugend betrachtet werden kann, da sie die Tendenz enthält, alles zu regulieren, zu schematisieren und zu normieren. „Das Individuum ist aufgelöst in Funktion". Damit aber wird die Welt mittelmäßig, die Menschen haben ein vorgeplantes fast unpersönliches Schicksal, sie verlieren ihre eigentliche Menschlichkeit (87).

Aber *Jaspers* weiß, daß mit der Technisierung ein Weg beschritten ist, „der weitergegangen werden muß" (88). Menschsein muß sich in der verwandelten Beziehung zu den Dingen in neuer Weise verwirklichen. Das ist eine Aufgabe, die der Philosoph dadurch fördert, daß er sich müht, „den Menschen an sich selbst zu erinnern" (89).

Im Gegensatz zu *Dessauer* sieht *Jaspers* also keinen Sinn der Technik, der in ihr selbst wohnte, sondern dieser Sinn muß ihr erst von außen her verliehen werden. Seine Technikphilosophie vermag uns also wenig Einblick in die Technik selbst zu vermitteln, wohl aber Anregung zur Erkenntnis und Bewältigung ihrer Auswirkungen auf den einzelnen und die menschliche Gesellschaft. Manche Deutung leidet allerdings an dem unzureichenden Eindringen in die Wirklichkeit der technischen Verfahren und Vollzüge.

Martin Heidegger

M. Heidegger (90) hat sich wiederholt mit dem menschlichen Willen zur Entbergung der Geheimnisse der Natur auseinandergesetzt. Die technische Realisierung ist ihm in gleicher Weise ein Entbergen wie die rationale Erfassung durch die Naturwissenschaften. Die Kunstfertigkeit der Technik ist für ihn genau so Hervorbringen, als Produktion von Gegenständlichem, wie die wissenschaftliche Tüchtigkeit Schaffung von Gedanklichem ist.

Die Technik bringt hervor und verwirklicht, was in der Natur als reale Möglichkeit bereits vorhanden war. Dies ist eine entplatonisierte Formulierung der *Dessauer*schen Deutung der Erfindung als Einholung von Ideen aus dem Vierten Reich des Seins.

Mit dem Fortschritt der Entwicklung, die in der modernen Technik ihr Ziel erreicht, tritt ein neues Element in den Vordergrund, das *Heidegger* die Herausforderung nennt, eine Herausforderung des Menschen und eine Herausforderung an den Menschen. Die Gegenstände der Natur werden im aktiven Herantreten des Menschen an die Natur in Bestand verwandelt, der hergestellt und abgestellt werden kann, der zur Verfügung im Besitz des Menschen steht. Dieses durch menschliche Aktivität Entborgene nennt *Heidegger* das „Gestell". Im Gestell manifestiert sich die der Technik immanente Tendenz zur Bewältigung und Verfügbarmachung der Welt. Diese aber birgt in sich die Gefahr, daß der Mensch sich selbst und seine Mitmenschen als ebensolchen Bestand versteht, der quantitativ abmeßbar und einsetzbar ist. Die Erkenntnis dieser Gefahr läßt die Einsicht in das Wesentliche der Technik wachsen, wobei deutlich wird, daß der Mensch den Prozeß des Entbergens in der Hand behalten kann.

Der Mensch ist als Hüter des Seins verantwortlich für die Seinsoffenbarung in der Technik.

Max Horkheimer

In seiner Abhandlung „Zum Begriff der Vernunft" macht *Horkheimer* deutlich, wie der moderne Mensch immer mehr nur das als vernünftig begreift, „dessen Nützlichkeit sich erweisen läßt" (91). Vernunft wird begriffen als rationale Beziehung angewandter Mittel auf beliebig gesetzte Ziele. *Horkheimer* sieht eine wesentliche philosophische Aufgabe darin, den Begriff von Rationalität zu untersuchen, „der gegenwärtiger industrieller Kultur zugrunde liegt". Diese kritische Untersuchung der instrumentell-technischen Vernunft ist um so notwendiger, als sich immer mehr zeigt, daß das Fortschreiten der technischen Mittel begleitet ist von einem Prozeß der Entmenschlichung. „Der Fortschritt droht das Ziel zunichte zu machen, das er verwirklichen soll – die Idee des Menschen" (92).

Horkheimer weist darauf hin, daß Vernunft als Idee in ihren historischen Ursprüngen bei *Sokrates* und *Platon* betrachtet wurde als Instrument, das Zwecke bestimmen, verstehen und deuten sollte, statt wie in unserer wissenschaftlich-technischen Kultur nur die Mittel zu vorgegebenen Zwecken zu finden und das Verhältnis von Mittel und Zweck zu regeln (93).

Das ganze Dilemma dieser instrumentellen Vernunft zeigt sich im Vorlauf der verfügbaren Mittel gegenüber rational bestimmten Zwecken. Man muß fragen, ob das, was als Zweck ausgegeben wird, nur Projektion interessierter Subjekte ist, die durch Marktforschung und Meinungsbefragung erkundet werden kann – oder ob es doch eine objektive Wünschbarkeit oder gar Verpflichtung der Menschheit gibt, eine bestimmte Zukunft wünschen zu müssen, ob alle Bedürfnisse bloß subjektiv sind oder ob es auch objektive und „wahre" Bedürfnisse gibt (94).

Horkheimer geht es um die Wiedergewinnung einer ganzheitlichen Vernunft aus der Verlorenheit und Isolation, in die Aspekte der menschlichen Vernunft mit der neuzeitlichen Indienstnahme durch Naturwissenschaften und Technik geraten sind. Nur durch umfassende kritische Aufklärung kann der Mensch auch die praktisch-technische Vernunft in den Dienst des Ganzen einfügen.

Jürgen Habermas und *Herbert Marcuse*

Bei *Habermas* wird Technikphilosophie wesentlich zu einem Teil von Gesellschaftsphilosophie. Das wird schon deutlich daraus, daß er seinen Aufsatz über „Technik und Wissenschaft als ‚Ideologie' " als Auseinandersetzung mit folgender These von *H. Marcuse* versteht: „Die befreiende Kraft der Technologie – die Instrumentalisierung der Dinge – verkehrt sich in eine Fessel der Befreiung, sie wird zur Instrumentalisierung des Menschen" (95).

Im Ausgang von *Hegels* „Phänomenologie des Geistes" und in sprachphilosophischen Parallelen analysiert *Habermas* zunächst Arbeit als die spezifische Triebbefriedigung, die den menschlichen Geist von bloßer Natur unterscheidet.

> „*Wie Sprache das Diktat der unmittelbaren Anschauung bricht und das Chaos der mannigfaltigen Empfindungen zu identifizierbaren Dingen ordnet, so bricht Arbeit das Diktat der unmittelbaren Begierde und hält den Prozeß der Triebbefriedigung gleichsam an. Wie dort die sprachlichen Symbole, so sind hier Instrumente, in denen sich die generalisierten Erfahrungen des Arbeitenden mit seinem Objekte niederschlagen, die existierende Mitte. Der Name ist das Bleibende gegenüber dem verschwindenden Moment der Wahrnehmungen; ebenso ist das Werkzeug das Allgemeine gegenüber den verschwindenden Momenten der Begierde und des Genusses: ‚Es ist das, worin das Arbeiten sein Bleiben hat, was von dem Arbeitenden und Bearbeiteten allein übrigbleibt und worin ihre Zufälligkeit sich verewigt; es pflanzt sich in Traditionen fort, indem sowohl das Begehrende als das Begehrte nur als Individuen bestehen und untergehen.' (Hegel, Realphilosophie I 221). Die Symbole gestatten das Wiedererkennen des Selben, die Instrumente halten die Regeln fest, nach denen die Unterwerfung der Naturprozesse beliebig wiederholt werden kann: ‚Die Subjektivität der Arbeit ist im Werkzeug zu einem Allgemeinen erhoben; jeder kann es nachmachen und ebenso arbeiten: es ist insofern die beständige Regel der Arbeit' (System der Sittlichkeit. In: Lasson, Schr. z. Pol. 428)"* (96).

Habermas weist sodann darauf hin, daß Arbeit wie auch Produkt der Arbeit ihres individuellen Charakters immer mehr verlustig gehen und zu etwas Abstraktem werden (97).

Arbeitsprozesse sind einerseits Ringen mit den Mächten der Natur um menschliche Freiheit, andererseits aber im Sinne der *Hegel*schen Dialektik von Herr und Knecht auch Kampf um Anerkennung (98). Bei der Analyse der Arbeit zeigt sich, daß die Arbeit anthropologisch ein Element ist, das den Menschen als Menschen charakterisiert; mit der Arbeit bleibt daher auch Technik unentbehrlich (99). *Habermas* unterscheidet in der Arbeit, die er als zweckrationales Handeln versteht, zwei oder drei Arten. Diese Arbeit kann entweder instrumentales Handeln sein oder rationale Wahl oder eine Kombination beider. Instrumentales Handeln geschieht aufgrund von technischen Regeln oder Technologien, die aus empirischem Wissen gewonnen werden. Rationale Wahl oder Entscheidung richtet sich nach Strategien, die auf analytischem Wissen beruhen und Ableitungen aus Präferenzregeln oder Wertsystemen und aus allgemeinen Maximen einschließen (100).

Im Rahmen seiner Gesellschaftsphilosophie stellt sich *Habermas* die Frage, wie die Gewalt technischer Verfügung in den demokratischen Konsens handelnder und über die Technik verhandelnder Bürger zurückgeholt werden könne. Wenn er in diesem Zusammenhang in der Technik die wissenschaftlich rationalisierte Verfügung über vergegenständlichte Prozesse versteht, dann zeigt sich damit diese systembezogene wechselseitige Rückkopplung von Forschung, Technik, Wirtschaft und Verwaltung als ein nur systemtheoretisch angreifbares Problemfeld. Seiner Schlußfolgerung wird man zustimmen müssen, daß nämlich die Problemlösung hier nicht technikimmanent gefunden werden kann, sondern nur in politischer Diskussion und Entscheidung (101).

Habermas geht es vorzüglich um die Probleme der Übersetzung technisch verwertbaren Wissens in praktisches Bewußtsein, in die soziale und politische Lebenswelt. Es geht darum, die Auswirkungen des technischen Fortschritts auf das soziale Leben unter Kontrolle zu bringen, sie politisch zu diskutieren und politisch auf Grund gesellschaftlicher Zielvorstellungen zu entscheiden. Daher kommt es zuerst darauf an, gesellschaftliche Freiräume zu rationaler Diskussion und Reflexion zu schaffen.

Seine Überlegungen zur Technik versteht *Habermas* ausdrücklich als Auseinandersetzung mit den Gedanken von *H. Marcuse,* dessen

Buch „Der eindimensionale Mensch" seinerzeit vor allem von Studenten begeistert aufgenommen wurde. Daher schließt sich an diese Darlegung der *Habermas*'schen Position sinnvoll ein Ausblick auf *H. Marcuse* an, der in seinem Buch über den „eindimensionalen Menschen" schreibt: „Als ein Universum von Mitteln kann die Technik ebenso die Schwäche wie die Macht des Menschen vermehren. Auf der gegenwärtigen Stufe ist er vielleicht ohnmächtiger als je zuvor gegenüber seinem eigenen Apparat" (102).

Mit *Habermas* ist *Marcuse* gemeinsam, daß beide die Technik als geschichtlich-gesellschaftliches Projekt sehen: „In ihr ist projektiert, was eine Gesellschaft und die sie beherrschenden Interessen mit den Menschen und mit den Dingen zu machen gedenken" (103). Technik ist damit Herrschaft – über die Natur und über den Menschen, eine methodische, wissenschaftliche, berechnete und berechnende Herrschaft. *Marcuses* Philosophie ist Gesellschaftskritik an der von der Technik beherrschten Herrschaftsstruktur der Gesellschaft. *Marcuse* sieht bereits in dem Erkenntnisstreben von Naturwissenschaften und Technikwissenschaften ein Herrschaftsinteresse am Werk, das zunächst die Natur, dann aber auch den Menschen beherrschen will. Dieses Interesse führt zur Schaffung eines immer machtvolleren Instrumentariums, das zugleich zunehmend vernetzter wird, so daß die Überschaubarkeit des Systems ständig weiter abnimmt und das Individuum immer stärker Fremdherrschaften ausgeliefert wird. Herrschaft selbst aber ist für *Marcuse* – und hier knüpft sich die Verbindung zur *Freud*schen Psychoanalyse – immer ein Übel, da sie dem Luststreben Grenzen zieht. Daraus ergibt sich dann *Marcuses* Polemik gegen das Leistungsprinzip; die Arbeitsethik der abendländischen Kultur ist für ihn ein Instrument zur Repression des Menschen (104).

Marcuse sieht jedoch gerade in den Entwicklungsmöglichkeiten der Technik Aussichten begründet für eine neue lustvolle Menschwerdung, da die Arbeitszeit eingeschränkt wird und die Austauschbarkeit in der Funktionserfüllung jederzeit Freisetzungen ermöglicht, so daß dem Lustprinzip Vorrang vor dem Leistungsprinzip gegeben werden kann.

Sicherlich ist auch gegen *Marcuses* Denken der Vorwurf zu erheben, er werde der Mehrdimensionalität der modernen Technik nicht gerecht, doch ist sein Werk auch ein Beitrag zu der Forderung, rigoros den Menschen an die erste Stelle zu setzen. Es ist tatsächlich widernatürlich – gegen die Natur des Menschen wie der Technik –, wenn der Mensch ausschließlich Objekt der Technik oder verplanter Teil von ihr wird; der Mensch soll vielmehr die Technik bestimmen, sie nutzbar machen und ihre Früchte genießen (105).

Georg Wilhelm Friedrich Hegel

In der Weltsituation der Gegenwart kann ein Überblick über wichtige Positionen der Technikphilosophie nicht ohne Erwähnung des marxistischen Denkens über Technik abgeschlossen werden, da dieses als Natur- und Gesellschaftsphilosophie in der Technik den Schnittpunkt von Natur und Gesellschaft sieht, die es darum beide aus der Technik erfassen kann.

Wie die gesamte marxistische Weltanschauung als Einheitsphilosophie, so ist auch die Technikphilosophie nur auf dem Hintergrund des *Hegelschen* Denkens verständlich. Obwohl *Hegel* keine eigentliche Philosophie der Technik erarbeitet hat, findet sich doch vielfältig das Phänomen der Arbeit und menschlichen Gestaltens von ihm bedacht, vor allem im Blick auf gesellschaftliche Auswirkungen der Arbeit und der Entwicklung der Technik. Ein Beispiel bietet seine Darstellung der Automation in den „Grundlinien der Philosophie des Rechts":

„Das Allgemeine und Objektive in der Arbeit liegt aber in der Abstraktion, welche die Spezifizierung der Mittel und Bedürfnisse bewirkt, damit ebenso die Produktion spezifiziert und die Teilung der Arbeiten hervorbringt. Das Arbeiten des einzelnen wird durch die Teilung einfacher und hierdurch die Geschicklichkeit in seiner abstrakten Arbeit sowie die Menge seiner Pro-

duktionen größer. Zugleich vervollständigt diese Abstraktion der Geschicklichkeit und des Mittels die Abhängigkeit und die Wechselbeziehung der Menschen für die Befriedigung der übrigen Bedürfnisse zur gänzlichen Notwendigkeit. Die Abstraktion des Produzierens macht das Arbeiten ferner immer mehr mechanisch und damit am Ende fähig, daß der Mensch davon wegtreten und an seine Stelle die Maschine eintreten lassen kann" (106).

In der nachhegelianischen Philosophie ist aus dem Bereich des menschlichen Schaffens und menschlicher Arbeit besonders das Kapitel über „Herrschaft und Knechtschaft" aus der „Phänomenologie des Geistes" wirksam geworden (107). Hier schildert *Hegel* das Zu-sich-selbst-Kommen und damit die Befreiung des abhängig arbeitenden Menschen. Zugleich wird deutlich, wie die menschliche Freiheit als vorgängige Bedingung es erst eigentlich ermöglicht, daß sich der Mensch durch sein Eingreifen aus der vorhandenen Natur seine Welt schafft, die für sein nächstes Eingreifen wieder eine neue „Natur" darstellt, aus der durch menschliches Gestalten immer neu die „Welt" einer jeden Zeit wird.

Neben Gesellschaft, Recht, Religion und Philosophie sind auch Arbeit und technische Gestaltung Entäußerungen des Menschen; in ihnen gibt sich der Mensch in etwas hinein, das in relativer Selbständigkeit außerhalb des Menschen steht. Hierin liegen damit aber auch Möglichkeiten des Zu-sich-selbst-Kommens, das uns nach *Hegel* nur vermittelt durch ein Außer-sich-Gehen des Menschen gelingt.

In der Darstellung der Dialektik von Herr und Knecht zeigt *Hegel,* daß der Mensch dieses Zu-sich-selbst-Kommen braucht, um er selbst sein zu können, um voll als Mensch leben zu können, um der Oberflächlichkeit der nie ganz wahren Augenscheinlichkeit zu entgehen.

Die erste Stufe der Anerkennung durch die Umwelt wird nach *Hegel* im Kampf erreicht. Der Kampf darf aber nicht bis zum Tod des Gegners gehen, denn dann habe ich mich zwar behauptet, habe aber zugleich den anderen vernichtet, der mich anerkennen könnte. Darum muß der Sieger den Besiegten schonen, damit dieser als verschonter Sklave ihn anerkennen kann. Der Herr wird durch den Sklaven zugleich frei den Dingen gegenüber, da er sie nicht mehr als Widerstand leistende Gegenstände trifft, sondern sie genießen kann, wie er will und wie sie ihm der Sklave seinem Auftrag gemäß zum Genusse darbietet. Der Sklave setzt sich mit der Gegenständlichkeit der Dinge in der Arbeit auseinander. Der Herr hat also doppelte Freiheit; denn der Knecht ist von ihm abhängig, und die Dinge sind ihm zu Diensten durch die Vermittlung des Knechtes.

Der Herr verhält sich damit unmittelbar zu den Dingen, die er rein genießt; in diesem Genuß verhält er sich zugleich mittelbar zum Knecht, der in seinem Auftrag die Dinge bearbeitet, die er nur zum Gegenstand der abhängigen Arbeit hat, da der Herr sie ihm vermittelt. Damit verhält der Herr sich auch unmittelbar zum Knecht, dem er die Dinge zur Bearbeitung überträgt und dem er in dieser Übertragung seinen Willen aufzwingt. Mittelbar verhält sich der Herr damit wiederum zu den Dingen, die er nicht selbst, sondern mittels des Knechts bearbeitet.

Der Herr scheint also wirklich frei und unabhängig. In Wahrheit aber erweist er sich in diesen Verhältnissen als der wirklich Abhängige. Einmal ist er unmittelbar abhängig von den Dingen, die er genießen will, und mittelbar abhängig vom Knechte, da er nur durch dessen Vermittlung in den Genuß der Dinge kommt. Andererseits ist er unmittelbar abhängig vom Knecht, der ihm die Dinge zum Genuß bereitet, von denen er so über die Vermittlung des Knechtes mittelbar abhängig ist.

Da aber der Knecht zunächst der Besiegte, der Unterlegene, der Benachteiligte ist, muß er sich erst zum eigenen Selbstbewußtsein entwickeln, ehe er dazu kommt, nicht mehr den Herrn als Herrn über sich anzuerkennen, ehe er sich selbst nicht mehr bloß als Knecht bekennt und ansehen läßt, sondern bis er als Freier auf gleicher Stufe dem Freien gegenübertritt, welcher der Herr schon im Anfang war. Das aber vollzieht sich erst in einer Gesellschaft, in der jeder gleich an Rechten und Pflichten ist, wo es weder

Herren noch Sklaven gibt: ein Zustand, der nach *Hegel* mit der Französischen Revolution im Prinzip erreicht ist, die in seiner Philosophie zum Begriff gekommen ist.

Herr oder Freier ist ein Mensch durch ein doppeltes Verhältnis, durch das Verhältnis zu sich selbst und zu den anderen, durch die Behauptung seiner selbst sowie durch Anerkennung und die Möglichkeit, Dingen den eigenen Willen einzuprägen, also auch durch seine Technik.

Auch der Unterlegene, der abhängig Arbeitende hat die Möglichkeit, ein freier Mensch für sich selbst und für die anderen zu sein. In seiner Arbeit steht ja schließlich der Knecht sich selbst so gegenüber, wie er bisher dem Herrn gegenüberstand. Der Herr verwirklichte seinen Willen durch den Knecht, von dem er gerade darin abhängig wurde. Der Knecht aber erlebt unmittelbar die Verwirklichung seines Willens in der Arbeit, in welcher er den Dingen seine Form, sein Bild, sich selbst aufprägt, indem sein Wille bestimmt, was aus dem Vorhandenen gemacht wird.

Wenn der Herr als Herr anerkannt wurde durch den Knecht, der ihm durch seine Arbeit die Dinge zum reinen Genuß bereitete, so kann der Knecht als Freier anerkannt werden, wenn es ihm erst einmal zum Bewußtsein gekommen ist, daß er eigentlich Herr des Herrn ist, da dieser den reinen Genuß nur durch seine Vermittlung gewinnt, so daß beide sich gleichberechtigt und fordernd gegenübertreten können und beide nur sein können in gegenseitiger Anerkennung.

Volle Anerkennung aller durch alle und damit gleiche Freiheit für alle bewirken die Abschaffung aller rechtlichen Klassenunterschiede. Der Herr würde erst volle Anerkennung finden, wenn er nicht mehr durch den von ihm abhängigen Knecht anerkannt würde, der ja zu dieser Anerkennung durch einen Zwang verpflichtet ist, sondern von einem, der ebenfalls Herr wäre. Wären aber zwei Herren da, so wäre keiner mehr absolut Herr. In Wahrheit aber sind alle Sklaven, bis volle gleichberechtigte Freiheit für alle erreicht ist. Damit zeigt sich nicht der vorläufige Zustand des Herrn als Triebkraft der Geschichte, denn der Herr ist ja anerkannt und will keine Änderung des Zustandes, vor allem will er nicht selbst arbeitend und ändernd eingreifen. Triebkraft der Geschichte ist vielmehr der Zustand des Knechtes, der nach Freiheit und Selbstbehauptung verlangt und sie erreicht, indem er weiß, daß er es ist, der dem Baumaterial der Welt sein Bild, seinen Willen, sich selbst in der Arbeit aufprägt (108).

Marxistische Technikphilosophie

In *Hegels* Darstellung haben die Marxisten immer wieder eine Darstellung des Arbeiters und der Arbeiterklasse gesehen, die aus Unterdrückung und Ausbeutung zur Freiheit streben. Die sozialphilosophische Deutung dieser Gedanken liegt in der Tat nahe. Auch gehen wir sicher nicht fehl, wenn wir hierin zugleich eine Würdigung aller Arbeit, insbesondere aller wirklich schöpferischen und weltgestaltenden Arbeit sehen. Es geht *Hegel* darum, seine Zeit zu begreifen, und er sieht es als seine Aufgabe an, allen Schaffenden zum Bewußtsein zu bringen, daß es ihre Freiheit ist, welche die Weltveränderung und -gestaltung erst ermöglicht.

So bekennt sich etwa *F. Engels* ausdrücklich zu *Hegel,* dessen Idealismus nur zu realistischem Materialismus umgewandelt, dessen Philosophie „vom Kopf, auf dem sie stand, wieder auf die Füße gestellt" werden müßte (109). Für *K. Marx* ist die Arbeit „ein Prozeß zwischen Mensch und Natur", in dem der Mensch sich die Natur in zweckbestimmter Weise aneignet (110).

Die Beziehungen zwischen Arbeitsteilung, Warenproduktion, Entstehung des Privateigentums an Produktionsmitteln und Herausbildung des Klassengegensatzes hatte *Engels* vor allem in seinem Buch „Ursprung der Familie, des Privateigentums und des Staates" untersucht. Hierin konkretisiert sich die Lehre von der Entfremdung, welche diesen zentralen *Hegel*schen Begriff auf den konkreten Menschen in seinem Arbeitsprozeß anwendet. Der Mensch ist danach dem Produkt seiner Arbeit entfremdet, weil er nicht selbst frei darüber verfügen kann, sondern es für einen anderen erstellt. Der Mensch ist auch dem Prozeß der Arbeit entfremdet, weil die Arbeitsteilung dem einzelnen nur mehr Teilproduktion zuweist, ihn also des schöpferischen Bewußtseins gegenüber dem Ganzen beraubt. Die Arbeitsteilung, welche Mechanisierung und sogar weitgehend Automatisierung ermöglicht, entfremdet den Menschen immer mehr sich selbst, da er nicht mehr wie der frühere Handwerker in der Arbeit sich selbst verwirklichen kann. Zugleich aber wird der Mensch dem Mitmenschen entfremdet, da keiner in einer erlebten Gemeinschaft arbeitet, sondern alle vom fernen Dritten ohne innere Beziehung zueinander ihren Platz im Arbeitsprozeß zugewiesen bekommen.

Jegliche Art von Entfremdung zu überwinden, ist das erklärte Ziel des Marxismus. *Hegels* fortschreitende Dialektik dient dabei als Grundlage für das Verständnis der eigenen Geschichte. Das findet sich in einer weniger theoretischen Formulierung noch in den „Worten des Vorsitzenden Mao Tse-tung":

> *„Die Geschichte der Menschheit ist eine Geschichte der ununterbrochenen Vorwärtsentwicklung aus dem Reich der Notwendigkeit ins Reich der Freiheit. Dieser Prozeß findet niemals ein Ende. In jeder Gesellschaft, in der es Klassen gibt, hat der Klassenkampf kein Ende. In einer Gesellschaft, in der keine Klassen mehr bestehen, wird der Kampf zwischen Richtigem und Falschem niemals zu Ende sein.*
>
> *Im Bereich des Produktionskampfes und des wissenschaftlichen Experimentierens macht die Menschheit eine beständige Entwicklung durch, entwickelt sich auch unaufhörlich die Natur, werden niemals Menschheit und Natur auf einem gegebenen Niveau stehen bleiben. Infolgedessen haben die Menschen immer wieder ihre Erfahrungen zusammenzufassen, Neues zu entdecken und zu erfinden, zu schaffen und vorwärtszuschreiten"* (111).

Es ist unbestreitbar, daß „*Hegel* und die Folgen" (112) heute unser aller Leben beeinflussen, daß seine Ideen – in vielfacher Umgestaltung – unsere Wirklichkeit heute prägen. Es läßt sich nicht leugnen, daß wir es hier mit einer der einflußreichsten gesellschaftlichen Kräfte der historischen Entwicklung zu tun haben. Wir werden sogar feststellen müssen, daß auch in den nicht-marxistischen Ländern ein Großteil des sozialen Fortschrittes unter dem Einfluß dieser Gedankenströme erreicht wurde. Ebenso unübersehbar ist aber auch die Tatsache, daß in sozialistischen und nicht-sozialistischen Ländern die Aufgabe der Überwindung unserer Entfremdung noch heute gestellt bleibt und daß sie in der Forderung nach dauerhafter Humanisierung unserer Lebenswelt aktuell bleiben wird, solange Menschen miteinander in dieser Welt leben.

In fast allen marxistischen Definitionen von Technik finden sich einige charakteristische Elemente. So wird betont, daß die Produktion materieller Mittel und die Anwendung von Verfahren gesellschaftlichen Bedingungen unterliegt. Bei der Verwirklichung von Wünschen und bei der Erfüllung von Bedürfnissen, die durch Beherrschung und Ausnutzung der Natur im Rahmen ihrer Gesetzmäßigkeiten geschieht, bestimmen die Klassenverhältnisse und damit die herrschende Produktionsweise die jeweiligen Anrechte der Menschen. Es wird betont, daß die Technik den Aufbau und die Fortentwicklung der sozialistisch-kommunistischen Gesellschaft verlangt, wenn sie humanen Zielen dienen soll, da sie sich nach den Gesetzmäßigkeiten der herrschenden Gesellschaftsformation entwickelt. In der Technik liegt also immer eine Einheit von natürlichen und gesellschaftlichen Momenten vor. Weil die Technik in allen ihren Komponenten das Produkt menschlicher Tätigkeit ist, ist sie nicht an erster Stelle Teil der Natur, sondern viel stärker Teil der Gesellschaft. „Sie ist nicht nur die ‚vermenschlichte', sondern die dem Menschen unterworfene Natur, ‚die produktiven Organe des Gesellschaftsmenschen' " (113).

Diese These hat *K. Marx* bereits im Jahre 1844 formuliert: „Indem aber für den sozialistischen Menschen die ganze sogenannte Weltgeschichte nichts anderes ist als die Erzeugung des Menschen durch die menschliche Arbeit, als das Werden der Natur für den Menschen, so hat er also den anschaulichen, unwiderstehlichen Beweis von seiner Geburt durch sich selbst, von seinem Entstehungsprozeß" (114).

Es gibt eben für den Marxisten keinen Zweifel daran, „daß mit den Lebensverhältnissen der Menschen, mit ihren gesellschaftlichen Beziehungen, mit ihrem gesellschaftlichen Dasein, auch ihre Vorstellungen, Anschauungen und Begriffe, mit einem Worte auch ihr Bewußtsein sich ändert". Dies ist ein fortdauernder Prozeß, denn „die moderne Industrie betrachtet und behandelt die vorhandene Form eines Produktionsprozesses nie als definitiv. Ihre technische Basis ist daher revolutionär" (115). Technikphilosophie im Marxismus begegnet uns daher sehr oft als Erörterung von Problemen der „wissenschaftlich-technischen Revolution" (116).

In diesem Prozeß wird die Wissenschaft nicht mehr bloß als Produktivkraft, sondern immer mehr auch als Kulturkraft sowie als Human- und Sozialkraft gesehen. Dies wird deshalb möglich, weil man der Ansicht ist, daß „im Sozialismus ... die gesellschaftlichen Voraussetzungen für die humane Gestaltung des wissenschaftlich-technischen Fortschritts existieren" (117).

Der marxistische Beitrag zur Technikphilosophie liegt weniger in der Analyse und wissenschaftstheoretischen Deutung des technischen Geschehens selbst – obwohl auch hier marxistische Autoren Wertvolles geleistet haben –, sondern vor allem in der Untersuchung anthropologisch-sozialphilosophischer Aspekte, etwa in der Betonung der Auswirkungen der Produktionsverhältnisse, die mit den Eigentumsverhältnissen gleichzusetzen sind. Die Produktionsverhältnisse vermitteln sowohl die Wirkung der Gesellschaft auf die Technik wie auch die Wirkung der Technik als Produktivkraft auf die Gesellschaft.

Was ist Technik?

Eine Zusammenfassung der bisherigen Diskussion über den Begriff „Technik" ist mit *K. Tuchels* 1967 erschienenem Buch über die „Herausforderung der Technik. Gesellschaftliche Voraussetzungen und Wirkungen der technischen Entwicklung" erreicht. Technik ist für ihn „der Begriff für alle Gegenstände und Verfahren, die zur Erfüllung individueller oder gesellschaftlicher Bedürfnisse auf Grund schöpferischer Konstruktion geschaffen werden, durch definierbare Funktionen bestimmten Zwecken dienen und insgesamt eine weltgestaltende Wirkung ausüben" (118).

Auch *Tuchel* knüpft hiermit an *Dessauer*sches Gedankengut an, berücksichtigt aber vor allem die Weiterentwicklung der Diskussion um die Technik, die besonders durch Arbeiten des Ausschusses „Philosophie und Technik" im Verein Deutscher Ingenieure stark gefördert worden war. Einen Höhepunkt erlebte diese Diskussion mit Beiträgen von *E. Fink, A. Gehlen, W. Helberg* und *P. Wilpert* im Jahre 1962 (119).

W. Helberg faßt die klassische Vorstellung von Technik in vier Punkten zusammen:

„1. *Technik als Machen und Betreiben von einzelnen Gegenständen in dem eindeutig bestimmten Subjekt-Objekt-Schema, das zur Struktur allgemeingültiger und rational berechenbarer Naturgesetze gehört.*

2. *Technik als neutrales Instrumentarium im Dienste subjektiver Bedürfnisse. Technik als Werkzeug, von dem als selbstverständlich gilt, daß es aufbauend und heilvoll wirkt, wenn es im Rahmen der allgemein-gültigen Normen für das sittliche Wohlverhalten gehandhabt wird.*

3. *Technik als ‚Gedachtheit', d. h. als Gesamtheit von Prozessen, die so verlaufen, wie sie von Subjekten rational planend vorgestellt und entworfen waren.*
4. *Technik als Bemächtigung, d. h. als letzte und höchste Erscheinung des abendländischen Subjektivismus. Das Subjekt hält sich durch seine Bedürfnisse nicht nur für den Veranlasser, sondern durch sein Denken auch für den Herrn der Technik"* (120).

Die nachklassische Zeit der Technik, die inzwischen erreicht ist, sieht *Helberg* durch eine Ausweitung gekennzeichnet. Jetzt geht es nicht mehr nur um Maschinen als Instrumente zum Bewirken sinnlich wahrnehmbarer mechanischer Vorgänge, sondern auch um Transport und Verwandlung von Energien wie in Wärme-, Elektro- und Chemotechnik. Zunehmend wird das Wort „Technik" angewandt auf Vorgänge, die mit Informationen und Bedeutungszusammenhängen zu tun haben. Zu Recht macht *Helberg* darauf aufmerksam, daß in der Informationstechnik die Materie nicht mehr ausschließlich im physikalischen Sinne verstanden werden darf, daß vielmehr unanschauliche Bedeutungs- und Sinngehalte hinzutreten und ebenfalls Gegenstand technischen Forschens und Handelns werden. Damit verliert das klassische Subjekt-Objekt-Schema seine umfassende Bedeutung. Informationen sind nämlich weder Subjekte noch ausschließlich Objekte, sondern sie sind zunächst bestimmte Prozesse und Zustände zwischen Subjekten und Objekten oder zwischen verschiedenen Subjekten.

Helberg stellt fest, daß „der geschichtliche Weg von der mechanischen Technik über die Energietechnik zur Informationstechnik ... zugleich ein Strukturweg von räumlich-zeitloser Gegenständlichkeit zu prozessual-zeithafter Zuständlichkeit" ist (121).

In einem Definitionsversuch, der auch diese Bedeutungsausweitungen berücksichtigen will, erklärt *Helberg:*

„Technik ist nicht nur die Gesamtheit aller gegenständlichen, sondern auch aller nichtgegenständlichen Umwandlungsprozesse, die so verlaufen, wie sie das planende menschliche Subjekt vorher rational gedacht und zweckgerichtet vorgestellt hat" (122). Es zeigt sich in diesem Definitionsversuch, in dem Technik als Umwandeln von Zuständen physikalischer, chemischer, energetischer und gesellschaftlicher Art beschrieben wird, eine Affinität zu verschiedenen Erklärungsversuchen besonders in marxistischen Kreisen und bei einigen Kybernetikern. Doch dürfte hierin zu wenig berücksichtigt sein, was *Helberg* selbst bei der Beschreibung der klassischen Technik hervorhebt und was auch heute noch erhalten bleibt, nämlich daß die Technik auch ein Instrumentarium ist im Dienste menschlicher Bedürfnisse, daß zur Technik auch die Technostruktur als Mittel und Resultat technischen Tuns gehört.

A. Gehlen versucht, aus entwicklungsgeschichtlicher Sicht die Technik zu begreifen und eine Definition zu gewinnen. Im Anschluß an *H. Schmidts* Abhandlung „Die Technik als Phase der Wandlung des Menschen" versteht er Technik zunächst „als körperliche und geistige Entlastung des Menschen". Der Mensch schafft sich Mittel, mit denen er gesetzte Ziele erreichen kann. Damit aber ergibt sich ein Könnens-Potential, das zu der Frage führt, was man mit den vorhandenen Mitteln denn noch alles wollen könne, so daß beim heutigen Stand der Technik jene Umkehrung erreicht wird, „daß das Können vorausläuft und sich erst hinterher ergibt, was man denn nun mit diesen Mitteln ‚wollen' soll" (123).

P. Wilpert hebt einen Aspekt der Technikphilosophie hervor, der auch in die Definition eingehen muß. Er erklärt zwar auch die Technikphilosophie als Teil einer philosophischen Anthropologie, fordert aber vorrangig, daß ein philosophischer Technikbegriff vom Ingenieur als „zutreffende Beschreibung und Sinndeutung seines eigenen Tuns" empfunden werde.

Der Ingenieur sei mindestens zum Kritiker und Mitinterpreten eines jeden Definitionsversuchs über sein Arbeitsfeld bestimmt (124). *Wilpert* wählt zunächst eine kulturanthropologische Betrachtungsweise, wenn er Technik als eine der elementarsten Leistungen des Kulturmenschen erklärt; dabei liegt in den Elementarleistungen gleichzeitig die Bedingung für die Höherentwicklung der Kultur. Wenn sich in der Fähigkeit des Menschen, „die Natur erkennend zu durchdringen und sie bearbeitend zu gestalten" Kultur manifestiert, dann ist Technik ein Bestandteil von ihr (125). Mit den Perioden der technischen Entwicklung sieht *Wilpert* zugleich – hierin *Helberg* ähnlich – den Begriff der Technik Wandlungen erfahren. Schon die älteste Technik, in der die technischen Mittel Erweiterungen und Ergänzungen menschlicher Muskelkraft darstellen, schafft etwas grundsätzlich Neues, wie es in dieser Form in der Natur nicht vorkommt, etwa die Drehung um eine feststehende Achse beim Rad. Doch ist auf dieser Stufe immer noch menschliche oder tierische Muskelkraft zu einer Leistung erforderlich, nicht mehr jedoch auf der nächsten Stufe, wenn die Kräfte von Wind und Wasser dafür genutzt werden. Auf der dritten Stufe wird mit der Entwicklung der Dampfmaschine die Indienstnahme der Naturkräfte zeit- und ortsunabhängig.

Wilpert verwahrt sich sodann dagegen, Technik einfach als angewandte Naturwissenschaft zu bezeichnen. Dieser Begriff (sciences appliquées) ist im französischen Sprachraum noch heute teilweise gebräuchlich. Ganz sicher trifft diese Bestimmung auf die frühesten Stufen der Technik nicht zu und gibt für die moderne Technik nur eine ihrer Bedingungen an.

Gerade im Element des Schöpferischen glaubt *Wilpert,* ein Wesensmerkmal der Technik aufgewiesen zu haben. Eine Grenze des Schöpferischen liegt in den Naturgesetzen vor. Was gegen diese Gesetze verstößt, ist technisch nicht möglich. Innerhalb dieser Grenzen vermag schöpferische Technik neue Wirklichkeiten aus Vorhandenem zu schaffen. Damit legt *Wilpert* bei der Definition von Technik den Akzent auf das Produzieren, nicht auf das Produkt, wenngleich er auch dieses nicht ausschließt. Schließlich weist er darauf hin, daß der Mensch in seiner jeweiligen geschichtlichen Welt auf die Technik als Hilfe zur Welt- und Lebensbewältigung angewiesen ist.

Wilpert kennzeichnet seine Vorstellung in vier Thesen:

„*1. Die Technik ist eine Lebensnotwendigkeit eines menschenwürdigen Daseins.*

2. Die Technik ist Ausdruck menschlicher Schöpferkraft.

3. Die Technik entspringt menschlich rationaler Zwecksetzung.

4. Technik erzeugt eine neue reale Wirklichkeit, aber keine neuen Gesetze der Wirklichkeit."

Daraus ergibt sich seine Definition:

„*Technik ist die Betätigung der Schöpferkraft des Menschen, die im Rahmen der Naturgesetze und im Dienst menschlicher Daseinsbewältigung eine von menschlicher Zwecksetzung bestimmte Wirklichkeit in und neben der Naturwirklichkeit schafft*" (126).

In Ergänzungen zu diesen Definitionsbemühungen geht der bekannte Fahrzeugtechniker *P. Koeßler* zunächst vom allgemeinen Sprachgebrauch aus. Danach gehört folgendes zur Technik:

„*1. Die notwendige Voraussetzung zu irgendeiner sinnvollen Tätigkeit, die Art, wie Mittel für vorgegebene Zwecke angewendet werden, eine Fertigkeit oder ein Können, wie es etwa im griechischen techne-Begriff ausgedrückt ist.*

2. Die ‚Apparatur', d. h. die vom Menschen erstellte Dingwelt mit ihren Maschinen, Bauten, Fahrzeugen, Raketen usw.

3. Die oft von der Apparatur nicht unterschiedene Funktion und das Produkt der Apparatur. Viele Apparate sind selbst Produkte von anderen Apparaten.

4. Geistige und körperliche Tätigkeit, die zur Herstellung und zum Funktionieren der Apparatur nötig ist. Hiermit soll besonders auf nichtroutinemäßige Tätigkeiten hingewiesen werden, wie Erfinden, Konstruieren, Entwickeln" (127).

Schließlich geht der Sprachgebrauch nach *Koeßler* sogar so weit, mit Technik und technischem Geschehen zusammenhängende Institutionen als technische zu bezeichnen, etwa „technischer Betrieb", „Technische Hochschule" und anderes mehr.

In seinem positiven Bestimmungsversuch schließt *Koeßler* an *Dessauer* und *Wilpert* an, wenn er erklärt, der Mensch als vernunftbegabtes Wesen habe die Fähigkeit, bewußt und planmäßig naturgegebene Bestände zu verändern und damit Neues, nämlich Gegenstände und Beziehungen zu schaffen, die hinsichtlich ihres So-seins vorher nicht vorhanden waren. Das künstliche Schaffen umfaßt sowohl das Vorausdenken, die Mittelauswahl, die Produktion und die Beurteilung und Prüfung der Produktion.

Aus diesen Überlegungen glaubt *Koeßler* ableiten zu können, daß „Technik" der Oberbegriff sei für alles künstliche Schaffen des Menschen und für alles von ihm künstlich Geschaffene und dessen Weiterwirken. Technik ist also für ihn sowohl das bewußte planmäßige Hervorbringen eines von Natur aus so nicht vorhandenen realen Seins als auch das so entstandene Produkt selbst. Dieser Begriff umfaßt Gesellschaftstechnik, biologische Technik, künstlerische Technik und Ingenieurtechnik.

Aus diesen vielfachen Versuchen zur Begriffsbestimmung der Technik ergeben sich wesentliche Elemente, die in eine Technikdefinition eingehen müssen:

- Technik begegnet uns vor allem bei der Herstellung und beim eigenen oder fremden Gebrauch, wozu auch die materielle Struktur gehört, in die unser individuelles und gesellschaftliches Leben sich einfügt.
- Technik beginnt mit Erfindungen, die Gesetze der Natur voraussetzen. Die Annahme eines getrennt existierenden Reiches von „Ideen", die das Möglichsein umfassen, ist jedoch nicht begründet. Vielmehr werden solche „Ideen" oder Vorstellungen im Erfindungsprozeß von der menschlichen Kreativität erzeugt.

- In der Konstruktion geschieht der Übergang von der theoretischen Voraussetzung und erfinderischen Projektierung zur geplanten Fertigung. Beim heutigen Stand der Technik und der Produktionsprozesse kann Konstruktion weitgehend nur in Kooperation geleistet werden.
- Beim Herstellen von Produkten meint Technik nicht nur das Produkt, sondern auch die Mittlerfunktion zwischen dem Hersteller und dem Resultat seines Handelns. Das Gleiche gilt vom Gebrauch, wo die Mittelfunktion an erster Stelle interessiert: das Funktionieren, die Verwendbarkeit für einen Zweck oder für ein Bedürfnis, dem ein Vorhandenes durch Bearbeitung zugeordnet wird.
- Technik umfaßt nicht nur das Einzelmittel, dessen ein einzelner sich bedient; sie ist vielmehr auch ein übergreifendes System, ein gesellschaftlich geschaffenes Strukturgitter der Welt, wie es uns etwa bei Verkehrsmitteln, Energieversorgung und Nachrichtensystemen entgegentritt.
- Der Mensch, zumal in seinen gesellschaftlichen Erscheinungsformen, bestimmt – wenn auch mit zunehmenden Schwierigkeiten – die Technik. Sie ist Ausdruck menschlichen Geistes und menschlicher Freiheitsentscheidung, Verwirklichung menschlicher Macht, Natur und Welt zu begreifen und zu gestalten. Die menschliche Freiheit ist die transzendentale Bedingung der Umgestaltung der Natur zur Welt; diese Machtverfügung kann und muß der Mensch kontrollieren.
- Daraus ergibt sich als Definition:

  Technik ist das Gesamt und die Einzelelemente der Theorie und der Wirklichkeit von Gegenständen und Verfahren, die zur Erfüllung individueller und gesellschaftlicher Bedürfnisse durch konstruktive Leistung im Rahmen der Naturgesetze geschaffen werden und insgesamt weltgestaltend wirken.

Diese Technik umfaßt Wissenschaft und Praxis, Produktion, Bestand und Konsumtion. Von ihr handelt die allgemeine Technologie, welche die Vielfalt der speziellen Technologien zusammenfaßt. Dieser Begriff der Technologie ist rein auf das Wissen und die Lehre von der Technik und den Techniken bezogen. Die sog. „Technologien" im Sinne von Verfahren werden hier der Ebene der Technik zugeordnet, zu der die Technologie die Metaebene darstellt.

Zwei Kulturen

Noch im 19. Jahrhundert wurde der Unterschied zwischen Universitäten und Technischen Hochschulen damit begründet, daß letztere „einen reinen Unterrichtszweck verfolgten und ihnen lediglich eine auf die technische Praxis hinzielende Ausbildung obliege" (128).

Folgerichtig war es den Technischen Hochschulen verwehrt, die üblichen akademischen Grade zu verleihen. Die preußischen Rektoren und Senate legten noch 1899 feierlich Verwahrung ein gegen die „Alteration der akademischen Würde", die in der Verleihung des Doktorgrades an Personen gesehen wurde, bei denen in Handfertigkeiten und praktischen Geschicklichkeiten das eigentliche Können gesehen wurde.

So kam es schließlich nur durch das persönliche Interesse des Kaisers für die Technik am 11. Oktober 1899 zur Unterzeichnung des Erlasses, der den deutschen Technischen Hochschulen „in Anerkennung der wissenschaftlichen Bedeutung das Promotionsrecht einräumte". Doch mußte der Titel „Doktor-Ingenieur" in deutscher Sprache geschrieben werden, damit zur Unterscheidung von den bisherigen akademischen Graden die nicht humanistische Herkunft dieses Titels herausgehoben werden konnte.

In den Kreisen der Ingenieure war dagegen das Bewußtsein immer stärker geworden, daß man selbst der Träger der Gegenwartskultur sei, daß mit der Technik notwendige Bedingungen für menschengerechtes Leben erst geschaffen würden. Auf der Seite der alten Akademiker und Gebildeten wurde dem das überkommene humanistische Bildungsideal entgegengehalten. In der Technik sah man eine Verausgabung des Menschen für äußere Notwendigkeiten und Nützlichkeiten, aber – wie *Th. Litt* darlegt – keinen Gewinn für den geistigen Adel (129).

Das Problem dieses Gegensatzes in zwei Kulturauffassungen ist besonders heftig in den letzten Jahren im Anschluß an einen Vortrag von *C. P. Snow* diskutiert worden, den er 1959 in Cambridge unter dem Titel gehalten hat: „The Two Cultures and the Scientific Revolution" (130). *Snow* vertritt in seinem Vortrag die These, „die literarisch-geisteswissenschaftliche und die naturwissenschaftlich-technische Intelligenz verkörperten zwei grundverschiedene ‚Kulturen' innerhalb der westlichen Industriegesellschaft. Ihre wechselseitige Entfremdung, die Kluft des Unverständnisses, der Gleichgültigkeit und Aversion hätten ein unerträgliches Ausmaß erreicht. Die Horizontbeschränkung wirke sich auf beiden Seiten als kulturelle Verarmung aus, habe aber darüber hinaus die ernstesten politisch-sozialen Konsequenzen" (131). Insbesondere sei der Ausgleich zwischen armen und reichen Nationen nur mit Hilfe der szientifisch-technischen Kultur möglich und werde durch die derzeit dominierende literarische Kultur mit ihrer antiszientifischen und antisozialen Einstellung erschwert oder gar verhindert (132).

C. P. Snow sieht in der naturwissenschaftlich-technischen Kultur nicht nur im intellektuellen, sondern auch im anthropologischen Sinne eine Kultur. „Das heißt, die ihr angehören, brauchen einander gar nicht völlig zu verstehen und verstehen einander oft auch wirklich nicht ganz; die Biologen haben meist eine ziemlich verschwommene Vorstellung von der modernen Physik, aber es gibt doch eine gemeinsame Einstellung, gemeinsame Maßstäbe und Verhaltensweisen, gemeinsame Auffassungen und Ausgangspunkte" (133).

Snow wirft – sicherlich nicht ganz zu Unrecht – einem Teil der nicht szientifischen, von ihm als „literarisch" bezeichneten Intelligenz vor, Maschinenstürmer zu sein. Diese Gruppe der westlichen Intellektuellen habe niemals den Versuch gemacht, den Wunsch geäußert oder die Fähigkeit aufgebracht, die industrielle Revolution zu verstehen, so daß sie deshalb auch die daraus resultierenden qualitativen Veränderungen im Sozialgefüge nicht erfassen konnte (134). Das gilt nach *Snow* nicht für die Geisteswelt der Russen, die eine tiefere Einsicht in die naturwissenschaftlich-technische Revolution hätten, vor allem für die technische Seite, was sich auch in den Romanen widerspiegele. „Ein Ingenieur wird, wie es scheint, in einem sowjetischen Roman ebenso selbstverständlich hingenommen wie ein Psychiater in einem amerikanischen" (135). *Snow* fordert an dieser Stelle Konsequenzen vor allem für das Bildungswesen.

„In der Bildung liegt zwar nicht die vollständige Lösung dieses Problems, aber ohne Bildung kann der Westen nicht im entferntesten hoffen, der Schwierigkeiten Herr zu werden. Alle Pfeile weisen in dieselbe Richtung. Daß wir die Kluft zwischen unseren Kulturen schließen, ist sowohl im extrem geistigen als auch im extrem praktischen Sinn notwendig. Wenn diese beiden Extreme keinerlei Verbindung mehr miteinander haben, wird keine Gesellschaft imstande sein, einsichtig zu bleiben. Um des geistigen Lebens willen, um der besonderen Gefahren willen, die England drohen, um der westlichen Gesellschaft willen, die das gefährliche Leben der von Armen umgebenen Reichen führt, um der Armen willen, die nicht arm zu sein brauchen, wenn es Intelligenz in der Welt gibt, sind wir, die Amerikaner und der gesamte Westen verpflichtet, unser Bildungswesen unter ganz neuen Gesichtspunkten zu betrachten. Dies ist einer der Fälle, wo wir und die Amerikaner am meisten voneinander lernen können. Und beide können wir eine Menge von den Russen lernen, wenn wir nicht zu stolz dazu sind. Übrigens könnten auch die Russen eine ganze Menge von uns lernen. Wäre es nicht Zeit anzufangen? Das Gefährliche ist, daß man uns in dem Glauben hat aufwachsen lassen, wir hätten unendlich viel Zeit. Wir haben nur sehr wenig Zeit. So wenig, daß ich dazu gar keine Vermutung auszusprechen wage" (136).

Der Biologe *H. Mohr* weist in einer Stellungnahme zu *Snows* Thesen darauf hin, daß es eigentlich dem Bildungsanspruch Hohn spreche, wenn für die Haltung des wissenschaftlich erfahrenen Menschen der Gegensatz zwischen den beiden „Kulturen" maßgebend sei. „In seiner Haltung sollte vielmehr zum Ausdruck kommen, daß die Bereitschaft und die Fähigkeit, in beiden Kulturen zu leben, den gebildeten Menschen unserer Zeit und unserer Zukunft charakterisieren" (137).

Man kann einem großen Teil der literarisch Gebildeten den Vorwurf nicht ersparen, zwar allen physischen und psychischen Nutzen aus der wissenschaftlich-technischen Kultur der Gegenwart ziehen zu wollen, ohne die geistigen Grundlagen und Konsequenzen, die Strukturen und die Bedeutung dieses Wissenschafts- und Wirklichkeitsbereichs in sein Weltbild zu integrieren. Deshalb muß das herrschende Bildungssystem so verändert werden, daß diese auf Vorurteilen beruhende Einstellung nicht weiter vorherrschen kann (138).

Hiermit soll keineswegs einer neuen Einseitigkeit das Wort geredet werden. Eine bloß technisch-naturwissenschaftliche Bildung verkürzt den Menschen nicht weniger als ein System, das diesen Bereich ausspart. Andererseits brauchen auch die überkommenen Bildungsdisziplinen zusätzliche Gesichtspunkte und Bereicherungen aus sozialphilosophischen, psychologischen, soziologischen und historischen Erkenntnissen, um das Instrumentarium der Kritik, die Befähigung zur Theorie, den Willen zur Emanzipation zu entwickeln, ohne die wir in blinden Funktionsprozessen unterzugehen drohen (139). Daß es vor allem bestimmte Vertreter der Geisteswissenschaften waren, die eine volle Integration der Bildungswerte von Naturwissenschaften und Technik in die Bildungs- und Kulturkonzeption verhindert haben, ist angesichts der vorliegenden Literatur nicht zu bestreiten. Daß andererseits von Seiten der Ingenieure noch mehr als von naturwissenschaftlicher Seite das Mißbehagen an diesem Zustand artikuliert wurde, ergibt sich auch aus der kulturellen Niedrigstufung dieser Gesellschaftsgruppe infolge der praktischen Auswirkungen dieser Kulturauffassungen. Das ist nicht erst in den letzten Jahren als Bewußtseinsstand erreicht, sondern schlägt sich schon in Richtlinien des Reichsbundes Deutscher Technik von 1919 und 1925 nieder, in denen es heißt:

„Der Reichsbund Deutscher Technik will technischer Denkweise und technisch-wissenschaftlicher Arbeit den gebührenden Einfluß auf die Geschicke unseres Landes zum Wohle der ganzen Volksgemeinschaft erwirken. Er fordert zu diesem Zwecke:

A. Von der Allgemeinheit . . .

1. *Die Berücksichtigung der Technik im Lehrplan der Schule und Erteilung des entsprechenden Unterrichts durch hierzu geeignete Lehrkräfte (Technischer Geist in der Schule).*
2. *Vorlesungen zur Einführung in das Wesen der Technik auf allen Hochschulen anderer Berufe.*
3. *Dauernde planmäßige Aufkärung der Bevölkerung über die Leistungen der Technik und Bedeutung technischer Geistesarbeit für unsere Kulturentwicklung . . .*

B. Von den eigenen Berufsgenossen . . .

4. *Kenntnis der allgemeinen Lebensbedingungen unseres Volkes und seiner politischen und kulturellen Entwicklung, seiner wichtigsten Rechtseinrichtungen, seines wissenschaftlichen Aufbaus, der parteipolitischen Gliederung und der Bedeutung der anderen Berufe (Allgemeine Bildung) . . .* (140).

Dieses Bemühen führt heute der Verein Deutscher Ingenieure fort, wenn er etwa 1972 in seiner Stellungnahme zum „Entwurf einer Vereinbarung zur Neugestaltung der gymnasialen Oberstufe in der Sekundarstufe II" schreibt:

„Um die erforderliche Einstellung der Gesellschaft gegenüber der Technik und den technisch geprägten Berufen zu erreichen, muß die Bedeutung der Technik als gesellschaftsprägender Faktor bereits in der Schule aufgezeigt werden, und es sind Einsichten in grundlegende technische Zusammenhänge zu vermitteln . . . Im gesellschaftswissenschaftlichen Aufgabenfeld sollten nicht nur Einsichten in politische, soziologische, geographische, wirtschaftliche und rechtliche Sachverhalte ver-

mittelt werden, sondern es ist sowohl der Einfluß der Technik auf unsere und vergangene Gesellschaften als auch der Einfluß der jeweiligen Gesellschaftsform auf die Entwicklung der Technik zu behandeln. Dies setzt allerdings voraus, daß in der Ausbildung der entsprechenden Lehrkräfte die Technik Bestandteil von Studiengängen ist" (141).

In der endgültigen Fassung der Vereinbarung der Ständigen Konferenz der Kultuminister, welche die Neugestaltung der gymnasialen Oberstufe in der Sekundarstufe II regelt, ist dann – zum ersten Male in der Geschichte des allgemeinbildenden Schulwesens in Deutschland – diesen Forderungen wenigstens teilweise Genüge geschehen (142).

Es ist keine Frage, daß Technik unentbehrlich ist, wenn die Aufgabenfelder des Pflichtbereichs die Orientierung sichern sollen, „die für das Zurechtfinden und das gegenseitige Verständnis in einer komplizierten und interdependenten Gesellschaft unerläßlich ist". Daher wird im Pflichtbereich dieser Gymnasialstufe auch das mathematisch-naturwissenschaftlich-technische Aufgabenfeld aufgeführt. Ausdrücklich ist gesagt, daß philosophische Fragen, die diese Aufgabenfelder durchziehen, berücksichtigt werden sollen.

Es wäre allerdings eine verengte Sicht, wenn Technik nur aus vordergründigen Zweckerwägungen Eingang in die Schule fände, damit die Funktionstüchtigkeit im Umgang mit der Technik gesteigert würde, obwohl auch das durchaus schon ein Gewinn wäre. Es geht nicht nur darum, die Objektwelt der Technik kennenzulernen, um sachgerecht mit ihr umgehen zu können. Durch Kontakt mit technischem Schaffen lassen sich vielmehr auch weiterreichende allgemeine Bildungsziele erreichen, denen in unserer Zeit besonderes Gewicht beigemessen wird, etwa Lernfähigkeit, Abstraktionsfähigkeit, Kreativität, Problemlösungsfähigkeit, kritische Reflexion, Kommunikations- und Kooperationsfähigkeit, Entscheidungskraft und Kompromißbereitschaft. Hierzu fehlen allerdings noch weitgehend die erforderlichen Grundlagenforschungen der allgemeinen Pädagogik und der Erziehungsphilosophie.

Nur wenn „Technik als Bildungsaufgabe der Schulen" (143) eine Selbstverständlichkeit geworden ist, kann Bildung ihren Anspruch erfüllen, zum Verständnis der Lebenswelt unserer Zeit zu führen und eine Hilfe zur theoretischen und praktischen Orientierung in der Welt zu bieten: „Technik als Element der Bildung ist so wichtig wie Bildung als Element der Technik" (144).

Systemtheoretische Darstellung der Technik

Eine allgemeine Techniktheorie ist bis heute ein Desiderat. Nach dem 1806 erschienenen „Entwurf der allgemeinen Technologie" von *J. Beckmann* fehlen bis heute gleichgerichtete Bemühungen. *G. Ropohl,* der auf diesen Mangel am gründlichsten aufmerksam gemacht hat, stellt fest, daß gegenwärtig keine kohärente Wissenschaft von der ganzen Technik existiere, die einer technischen Didaktik als Bezugswissenschaft dienen könne (145). *Ropohl* glaubt jedoch, neuerdings erste Ansätze zu einer allgemeinen Theoriebildung zu sehen, die vor allem auf vier Aspekte gerichtet sind: Die Ingenieurwissenschaften werden wissenschaftstheoretisch reflektiert im Blick auf ihre Einordnung in das Gesamtsystem der Wissenschaften; die Technik und ihr Fortschritt werden Gegenstand einer umfassenden sozio-ökonomisch-technischen Theorie; die Technik und ihre planvolle Erfinder- und Gestaltertätigkeit werden Gegenstand einer objektivierbaren Methodologie; schließlich möchte *Ropohl* seine eigenen Beiträge als Vorarbeiten zu einer allgemeinen Theorie der technischen Gebilde und Verfahren selbst verstehen (146). Wie in ostdeutschen Versuchen ähnlicher Art (147) geht *Ropohl* bewußt auf *Beckmann* zurück, der ja die Technologie als die Wissenschaft erklärt hatte, welche die Verarbeitung der Naturalien bzw. Materialien oder die Kenntnis der Handwerke lehrt, wobei sie aus wahren Grundsätzen und zuverlässigen Erfahrungen die Mittel findet und die bei der Verarbeitung vorkommenden Erscheinungen klären und nützen soll (148).

Auch *Ropohl* sieht also „in *Beckmanns* Technologiekonzept den Ansatz zu einer allgemeinen Techniklehre, die sich nicht nur mit Einzelphänomenen technischer Praxis beschäftigt, sondern auch die allgemeinen Prinzipien der Technik sich herauszukristallisieren bemüht" (149).

Hierbei deutet *Ropohl* an, daß in Verbindung mit allgemeineren Überlegungen zur Kybernetik das Systemmodell besonders fruchtbar sein kann für die Entwicklung einer allgemeinen Techniktheorie, da mit dem Systemmodell ein beliebiges Untersuchungsobjekt als eine Ganzheit beschrieben werden könne, „die auf einer bestimmten Basis von ihrer Umgebung abgegrenzt wird, die Beziehungen zwischen bestimmten Attributen aufweist, und die aus miteinander verknüpften Teilen besteht" (150). Da die Teile des Systems wiederum als Systeme aufgefaßt werden können, werden sie als Subsysteme bezeichnet, so daß der Systembegriff die Möglichkeit einer Hierarchie von Systemen impliziert.

Diesem Ansatz darf man mit *Ropohl* wohl für richtig und entwicklungsfähig halten, zumal wenn er in ständiger wissenschaftstheoretischer Überprüfung verfolgt wird und so die wissenschaftstheoretischen Theorien konkretisiert.

Nach DIN 19226 ist ein System folgendermaßen zu beschreiben:

> *„Ein System im Sinne dieser Norm ist eine abgegrenzte Anordnung von aufeinander einwirkenden Gebilden. Solche Gebilde können sowohl Gegenstände als auch Denkmethoden und deren Ergebnisse (z. B. Organisationsformen, mathematische Methoden, Programmiersprachen) sein. Diese Anordnung wird durch eine Hüllfläche von ihrer Umgebung abgegrenzt oder abgegrenzt gedacht. Durch die Hüllfläche werden Verbindungen des Systems mit seiner Umgebung geschnitten. Die mit diesen Verbindungen übertragenen Eigenschaften und Zustände sind die Größen, deren Beziehungen untereinander das dem System eigentümliche Verhalten beschreiben. Durch zweckmäßiges Zusammenfügen und Unterteilen von solchen Systemen können größere und kleinere Systeme entstehen."*

In der Anwendung auf die Technik gibt der Ehrenpräsident der Deutschen Gesellschaft für Kybernetik, *K. Küpfmüller* einige wichtige Ergänzungen:

> *„Unter System wird in der Technik eine Gesamtheit von Elementen, Geräten, Maschinen und/oder Methoden verstanden,*

die zur Erfüllung bestimmter Aufgaben dient. Das System kann offen oder geschlossen sein; es kann auch den Menschen mit einschließen" (151).

Die Systemtechnik umfaßt dann nach *Küpfmüller* die Planung, Erzeugung und Anwendung von Systemen der Technik. Unter Systemtheorie versteht er die mathematischen Methoden zur Berechnung und Erfassung der Eigenschaften von Systemen.

Ropohl geht in seinen Darlegungen recht schnell vom rein technischen zum sozio-technischen System über, in dem Menschen und technische Gebilde aggregiert sind, da Technik für ihn sich als eine spezifische Form sozialer Praxis erweist. Alle reinen Sachsysteme werden zu Subsystemen sozio-technischer Systeme, die als zielorientierte Handlungssysteme aufgefaßt werden, deren Basismenge die industrialisierte Gesellschaft mit ihren sozialen und technischen Gegebenheiten ist. Sozio-technische Systeme und Subsysteme sind dynamische Systeme, bei denen innerhalb des theoretischen Konzepts das Moment der Geschichtlichkeit besondere Berücksichtigung erfahren muß. Vielfach wird in solchen Überlegungen die Ansicht geäußert, die Kategorie der Information könne sich als Bindeglied zwischen technischen und sozialen Kategorien erweisen.

Ein sozio-technisches System hat die Aufgabe, Inputattribute in Outputattribute umzuwandeln. „Input-Output-Transformationen stellen Veränderungen der Umweltsituation dar, die man, in anthropologisch-sozialphilosophischer Terminologie, als Handeln oder Arbeit bezeichnen kann" (152); diese Arbeit kann systemstabilisierend, systemverändernd, sogar systemauflösend wirksam werden.

Bei funktionaler Betrachtung lassen sich in einem sozio-technischen System drei Teilsysteme unterscheiden: ein Zielsetzungssystem, ein Informationssystem und ein Realisierungssystem. Da das Realisierungssystem Arbeit im engeren Sinne leistet und die Systemumgebung wahrnehmbar beeinflußt, ist es das Teilsystem, das sich am deutlichsten dem Beobachter zeigt, was jedoch keineswegs von der primären Bedeutung des Zielsetzungssystems ablenken sollte.

Wie wenig *Ropohl* seinen Entwurf der allgemeinen Technologie als „reine" Techniklehre versteht, wird deutlich, wenn er inhaltliche Präzisierungen zu geben versucht. Danach muß eine solche Technologie folgende Theoriegruppen enthalten oder zumindest berücksichtigen:

- eine Theorie der Sachsysteme;
- eine kybernetisch präzisierte Theorie sozialer Systeme, die mit der Theorie der Sachsysteme kompatibel ist;
- eine Theorie der Verflechtung zwischen Sachsystemen und sozialen Systemen, die u. a. auch die soziale Funkion von Sachsystemen besonders unter Verwendungszwecken behandelt;
- eine Theorie kollektiver Zielsetzungsprozesse auf der Basis gesellschaftlicher Bedürfnislagen und Präferenzordnungen; diese Zielsetzungssysteme enthalten die Schwierigkeit, daß neben ökonomischen und materiellen Regulativen auch demokratisch-partizipatorische Elemente berücksichtigt werden müssen;
- eine Theorie der Informations-, Entscheidungs- und Steuerungsprozesse, wozu auch die Methodologie des Gestaltens, Erfindens und Konstruierens gehört;
- eine Theorie der Realisierungsprozesse mit Berücksichtigung der Arbeitsverhältnisse;
- eine umfassende Theorie sozio-technischen Handelns, welche neben der Einbeziehung der vorhin genannten Theorie auch kommunikationstheoretische, soziologische und politisch-ökonomische Aspekte erfaßt;
- schließlich eine globale, das einzelne sozio-technische System transzendierende Theorie sozio-technischen Wandels unter historiographischen, nomologischen und futurologischen Gesichtspunkten (153).

Für die Entwicklung einer allgemeinen Techniklehre ist wichtig, daß die mit Systemtheorien verbundene kybernetische Methode zunächst auf die Erforschung von Regelkreisen angewandt wird, deren Strukturanalyse fortschreitende Abstraktion und Systematisierung ermöglicht. *K. Hübner* konnte daher einen Vortrag mit der Aussage überschreiben: „Kybernetik – Geist der Technik" (154). Hierin schildert er den Regelkreis als das Prinzip alles Technischen überhaupt. Er sieht dabei in der Kybernetik nicht nur eine allgemeine und einheitliche Methode der Technik, sondern sogar die Metawissenschaft, „die Theorien von technisch-relevanten Übertragungssystemen überhaupt entwickelt", wobei diese Entwicklung teilweise sogar automatisch in freier Variation von Regelstrukturen geschehen kann.

Die Kybernetik als Methode hat die Voraussetzung für die Verwirklichung einer in der allgemeinen Techniklehre unterstellten Absicht zu schaffen und bietet die wissenschaftliche Form für das Programm des Systems aller praktischen Möglichkeiten. Da die Verwirklichung dieser Gesamtheit in der Endlichkeit von Zeit und Raum nur approximativ möglich ist, ergibt sich daraus auch die prinzipielle Unvollendbarkeit der allgemeinen Techniklehre.

Die allgemeine Kybernetik selbst weist wiederum mehrere Aspekte oder Disziplinen auf, die unterschiedliche Beiträge zur allgemeinen Techniktheorie zu leisten vermögen:

– Da ist zunächst die allgemeine Systemtheorie, welche die verschiedenartigen Verknüpfungen zwischen Elementen oder Teilsystemen sowie das Verhältnis von System und Umwelt untersucht.

– Der zweite Aspekt ist derjenige der Regelung, der besonders für die Automatisierung der Produktion von Bedeutung ist.

– Ein dritter Aspekt ist in der Informationstheorie erfaßt. Nach Aufnahme, Übertragung, Speicherung, Umwandlung und Ausgabe von Informationen reguliert sich das Verhalten von Systemen.

– Ein vierter Aspekt der Kybernetik wird mit der Mathematisierbarkeit erfaßt, die vor allem in der Spieltheorie erfolgt. „Jede äußere Störung des Gleichgewichts kann als ‚Zug', jeder Regelungsakt als ‚Gegenzug' aufgefaßt werden" (155).

Hübner weist darauf hin, daß die Abstraktheit der Kybernetik als reiner Strukturtheorie zur Folge hat, daß auch Physik, Biologie und andere Naturwissenschaften als ihre Materialisierungen und Anwendungen betrachtet werden können.

Die Kybernetik ist schließlich auch die Theorie, welche nach der Vorbereitung durch die Analyse der Arbeitsfunktion zum Zwecke der Arbeitsteilung die Automatisierung ermöglicht. Der Begriff der Automation, der sich schon bis auf Aristoteles zurückverfolgen läßt, gewann eigentliche Aktualität erst nach dem zweiten Weltkrieg. Sie besteht darin, zunehmend menschliche Arbeitsleistung in Funktionen aufzulösen, die von Maschinen ohne unmittelbaren menschlichen Eingriff erfüllt werden können. Die besondere Problematik der Automation liegt nicht in ihrer philosophisch-wissenschaftstheoretischen Seite als Vollendungsform der Technik, sondern vorab im sozialen Bereich und damit im Feld der soziologischen, sozialphilosophischen, politischen und ethischen Forschungsarbeit (156).

Der Wille, über technische Teilsysteme, ja über die Technik selbst als Teil umfassender Systeme hinauszudenken, wird in den letzten Jahren vor allem aus politischen und philosophischen Gründen stärker, sicherlich aber auch aus besserer Einsicht in das, was Technik sein und leisten kann und soll. Wenn Technik verstanden wird als Ermöglichung und Sicherung menschenwürdigen Lebens durch Bereitstellung der erforderlichen Mittel, dann ist die Berücksichtigung des außertechnischen Systems der Bedürfnisse entscheidend, weil an ihnen gemessen wird, was menschenwürdig ist und was nicht. Die allgemeine Systemtheorie der Technik muß daher von vornherein beachten, daß sie nicht auf die instrumentelle Vernunft beschränkt bleibt, sondern vor allem das Zielsetzungssystem in die kritische Reflexion mit einbezieht (157).

Mit diesen Überlegungen ist selbstverständlich noch nicht alles über die Begründung einer allgemeinen Techniklehre ausgesagt. Manches weitere Licht wird darauf fallen, wenn nach dieser technikimmanenten Sicht in einer Meta-Betrachtung nach dem Wissenschaftscharakter der Technik gefragt wird.

Technik als Wissenschaft und Praxis

Es kann bei der Darstellung der Technik in ihren Erscheinungsformen als Wissenschaft und Praxis nicht darum gehen, die gesamte wissenschaftstheoretische Diskussion der letzten Jahre in all ihren Entfaltungsrichtungen auf die Technik hin zu untersuchen (158). Hier ist Wissenschaftstheorie verstanden als die Theorie, deren Gegenstand die Wissenschaft schlechthin oder eine einzelne wissenschaftliche Disziplin ist. Wissenschaftstheorie ist also eine jeweils näher zu charakterisierende Metawissenschaft. Sie betrachtet ihren Gegenstand vornehmlich unter logischen, methodologischen, erkenntnistheoretischen und metaphysisch-ontologischen Aspekten. Beides läßt sich auf wissenschaftliche Theorie wie auf wissenschaftliche Praxis anwenden.

Im Falle der Wissenschaftstheorie der Technik geht es vor allem um die wissenschaftliche Theorie der Technik, wobei besonders der methodologisch-erkenntnistheoretische Aspekt betont werden soll; ergänzt werden muß diese Betrachtung jedoch um eine Theorie der Praxis dieses Bereichs, die wiederum vorwiegend methodologische Gesichtspunkte berücksichtigt. Allerdings sollte gerade im Fall der Technik auch der Bereich der Voraussetzungen und Folgen mit thematisiert werden, da sich gerade hier die Bedingtheit sowie die Situations- und Konditionsgebundenheit des Erkenntnis- und Praxisniveaus einer Wissenschaft besonders deutlich zeigt.

Technik ist nicht bloß „angewandte Naturwissenschaft", Technik und Naturwissenschaft stehen vielmehr in einem Wechselverhältnis von gegenseitiger Voraussetzung und Folge: Die Technik treibt die Naturwissenschaften, wie die Naturwissenschaften ihrerseits die Technik treiben.

Wer in der Technik nicht mehr sieht als die hochentwickelte Anwendung naturwissenschaftlicher Erkenntnisse, der übersieht vor allem die komplexe Wirklichkeit der Wissenschaften, in denen die Technik sich selbst ihre Theorie schafft (159). Überlegungen zur wissenschaftstheoretischen Einordnung der Technik müssen sich vor allem dieser geistigen Realität zuwenden, ohne aber aus dem Kreis des Bedenkens die Wirklichkeit der vielen Techniken und ihrer Arbeitsmittel und Methoden zu verlieren. Wenn man dieser Einsicht zustimmt, ist es allerdings nicht mehr möglich zu behaupten, Wissenschaft wolle Wissen produzieren, während Technik auf Wirkung abziele (160); eine solche Abgrenzung würde zwangsläufig auf einen Gegensatz von Wissenschaft und Technik hinauslaufen und damit die Zuordnung der Technik zum Bereich der Wissenschaft als unmöglich voraussetzen.

Das Ziel jeder Wissenschaftstheorie – der allgemeinen wie der regionalen – ist es, das Wissen allgemein oder das jeweilige Fachwissen „zum vollen Bewußtsein ihres Tuns, ihres Wesens, ihrer Grenzen zu erheben" (161). Deshalb muß sie vor allem die Erkenntnisgrundlagen und die Erkenntnismethoden der jeweiligen Wissenschaft kritisch untersuchen. Die erste Frage aber ist immer, ob der untersuchte Arbeitsbereich die Bezeichnung „Wissenschaft" verdient, wobei die Wissenschaftlichkeit wesentlich von der Methode bestimmt ist, die auf ein bestimmtes einheitliches Gebiet angewandt wird.

Wenn wir eine wissenschaftstheoretische Untersuchung der Technik beabsichtigen, dann müssen wir zunächst fragen, ob die Technik ein solcher Bereich ist, der als Einheit anderen wissenschaftlich bearbeiteten Einheiten gegenübersteht, ehe wir die in diesem Bereich angewandten Methoden kritisch beleuchten können. Die Frage nach der Einheitlichkeit der Technik stellen bedeutet aber, nach dem Gegenstand der Technik als Wissenschaft zu fragen, wobei dieser Gegenstand nicht unbedingt numerisch einer sein muß, sondern durchaus sehr differenziert und vielfältig sein kann, sofern nur durch die Relationen und Interdependenzen der verschiedenen Einzelobjekte doch eine Zusammenfügung zu einer umgreifenden Einheit gewährleistet ist, die eine Vielzahl von möglichen Einzelstrukturen zu einer Gesamtstruktur zusammenfaßt, oder anders gesagt: Nicht nur die numerische Einheit reicht aus, um die Bedingung der Einheit des Gegenstandes zu erfüllen, es genügt vielmehr auch die Einheit eines Systems.

Schon nach griechisch-scholastischer Auffassung ist die geforderte Einheit und Einheitlichkeit des Gegenstandes gegeben, wenn der Gegenstand ein aus mehreren Einzelgegenständen integriertes Ganzes ist; es genügt, wenn alles unter einen gemeinsamen Oberbegriff subsumiert werden kann, der das Ganze der Einzelgegenstände in sich sammelt, oder es genügt die Möglichkeit, alle Einzelgegenstände auf eine gemeinsame Grundlage zurückzuführen. Unter wenigstens einem Gesichtspunkt müssen alle Objekte einer Wissenschaft zu einem Objekt zusammengefaßt werden können, damit die Einheitlichkeit des Gegenstandes gewährleistet werden kann (162).

Als ein solcher einheitsschaffender Gesichtspunkt kann nun in der Technik die Beziehung zum „Machen" gelten, denn alle regionalen Techniken bedeuten ein „Machen", wenn auch die Ausgangsgegenstände sowie die Methoden des Machens und die erzielten Produkte durchaus unterschiedlich sind. Wenn wir das „Machen" als das einheitsstiftende Kriterium angeben, dann ordnen wir diese Wissenschaften damit dem Bereich der praktischen Wissenschaft im Gegenüber zur spekulativen Wissenschaft zu, obwohl andererseits festzuhalten ist, daß die Wissenschaft als Wissenschaft sich immer im Bereich des Denkens vollzieht: Das denkend geleistete Bereitstellen aller Faktoren für das Machen ist die Wissenschaft im Bereich des Praktischen; die Ausführung selbst ist nicht mehr Wissenschaft. Wenn etwa der Konstrukteur selbst eine Maschine baut, dann besteht sein wissenschaftliches Tun nicht in der konkreten Ausführung und in ihren einzelnen Teilhandlungen, sondern in der mindestens dem Einzelschritt vorausgehenden theoretischen Überlegung. Diese geistige Leistung liegt auch dann vor, wenn sie sich praktischer „Krücken" bedient, d. h., wenn gebastelt oder an Modellen oder mit Hilfe von Computern simuliert wird. Technik ohne diesen geistigen Vorentwurf ist keine Wissenschaft, sondern entweder angelerntes Können oder Zufallsglück des spielerischen Bastelns. Hierbei ist jedoch zu vermerken, daß auch solches Zufallsglück zur Wissenschaftlichkeit aufgewertet werden kann, so daß aus der nachträglichen Einsicht wieder Vorentwürfe für neue Planungen werden können. Außerdem kann wissenschaftliche Methodik viele, in manchen Fällen sogar alle möglichen „Zufälle" voraussehen und so den Zufall als Mittel zur Erarbeitung eines Modells einplanen.

Wenn hier der Gegenstandsbereich der Technik so umschrieben ist, wird es verständlich, warum wir den Bereich der Technik nicht mehr als den Bereich zwischen der unveränderten Natur und den Sozialphänomenen bezeichnen können, sondern letztere mit zum Gegenstand der Technik rechnen, indem wir ausdrücklich von Sozialtechniken sprechen, deren Gegenstand eben ein Teil dieses Bereiches ist: Das aber ist mehr als die Einsicht, daß aus der Technik sich wirtschaftliche, soziale und psychologische Konsequenzen ergeben; es sagt aus, daß auch die Phänomene dieser Bereiche wenigstens zu einem großen Teil zum Bereich dessen gehören, was gemacht oder gestaltet werden kann.

Man kann daher *H. Rumpf* nur zustimmen, wenn er sagt: „Vom Sachbereich her ist also eine generelle Unterscheidung von Naturwissenschaften und Technik-Wissenschaften nicht abzuleiten" (163). Man muß jedoch diese Aussage noch erweitern und hinzufügen, daß sich vom Sachbereich her eine Unterscheidung der Technik auch von weiteren Bereichen nicht ableiten läßt, sofern diese Bereiche sich nämlich bemühen, möglichst mit naturwissenschaftlichen Methoden zu arbeiten, denn auch für diese Bereiche gibt es Entsprechungen zwischen den „Naturwissenschaften" und den zugehörigen Technikwissenschaften: Nicht nur Physik, Chemie und Biologie haben ihre Entsprechungen in der Technik, sondern auch Psychologie und Soziologie. Die naturwissenschaftlichen Methoden werden aber neuerdings auch in immer weiteren Bereichen der sog. Geisteswissenschaften angewandt; so werden beispielsweise Sprachanalysen mit Mitteln der Datenverarbeitung erstellt und Übersetzungen mit Computern versucht; es ist also mit Recht auch in diesen Bereichen von Technik die Rede. Diese Wissenschaften bieten ersichtlich alle die Voraussetzungen, auf Grund derer die Möglichkeiten und Wege des Machens im jeweiligen Bereich wissenschaftlich erarbeitet werden können – was etwas anderes ist als ihre Anwendung schlechthin.

Das Kriterium der Machbarkeit geht über den Willen zur Erkenntnis dessen, was ist, hinaus und zielt auf einen Zustand oder eine Sache, die sein könnten oder gewollt werden. In der faktischen Ordnung werden nun diese Ziele, besonders bei stark kostenanfälligen Projekten, bestimmt durch Menschen und Prinzipien, die außerhalb der Technikwissenschaften liegen. Das aber berührt nicht die Wissenschaft als solche. Die Wissenschaft stellt eben eine Vielzahl von machbaren Gegenständen als möglich theoretisch zur Auswahl und Verfügung; was aber aus der theoretischen Möglichkeit in die Wirklichkeit überführt werden soll, wird nicht wissenschaftsimmanent, sondern von außerhalb bestimmt.

Wenn Technik so verstanden wird, dann läßt sie sich wenigstens für diesen Teil unter den allgemeinen Begriff der Wissenschaft fassen, die verstanden werden soll als ein System, ein geordnetes und funktional strukturiertes Ganzes von Erkenntnissen über einen umgrenzten Bereich, wobei diese Erkenntnisse in Begriffen, Kategorien, Gesetzen, Theorien und Hypothesen intelligibel werden, die sich teils mit denen anderer Bereiche decken, aber als Gesamt einen eigenen Bereich bilden. Für die Technik, deren Gegenstandsbereich durch die Machbarkeit bestimmt wird, ist hierbei besonders zu beachten, daß diese Bereichsbestimmung nicht dem Machen selbst wissenschaftlichen Charakter verleiht, sondern nur dem Wissen darum. Es gibt also eine Technik, die Wissenschaft ist, und eine Technik, die hochentwickeltes Können ist und den vorausgehenden denkerisch-schöpferischen Prozeß in konkreter Gestaltung nachvollzieht. Wie es Anwendung naturwissenschaftlicher Erkenntnisse gibt, so gibt es Anwendung technikwissenschaftlicher Erkenntnisse, die im konkreten Realisierungsfalle nicht einmal als solche Anwendung bewußt werden muß: Es ist ja auch das Sprechen einer Sprache nicht Wissenschaft von dieser Sprache, und Sprechen – selbst korrektes, der Norm konformes – ist ohne die Wissenschaft von diesem Sprechen und von dieser Sprache möglich.

Ziel jeder wissenschaftlichen Arbeit, die diesen Namen zu Recht für sich beanspruchen möchte, muß es unter anderem sein, die jeweilige Wissenschaft zum vollen Bewußtsein ihrer selbst zu führen, sie die Wege ihres Tuns kritisch verstehen zu lassen und ihr die Grenzen ihrer Leistungsfähigkeit deutlich zu machen. Gewiß kann ein Wissenschaftler auf seinem Arbeitsgebiet zu brauchbaren und wertvollen Ergebnissen gelangen, er kann sogar seine Disziplin zu einer gewissen Vollendung bringen, auch solange noch die wissenschaftstheoretische Aufgabe nicht gelöst ist. Der Weg einer Wissenschaft kann sogar dann zielgerecht verlaufen, wenn die wissenschaftstheoretischen Probleme noch gar nicht Gegenstand einer Frage geworden sind oder wenn sie falsch gelöst sind. Es kann eigentlich diese Aufgabe erst dann vollends gelöst werden, wenn das betreffende Wissensgebiet einen recht hohen Grad abschließender Vollendung erzielt hat. Erst dann kann der Wissenschaftstheoretiker die beim Systembau vorausgesetzten Grundlagen und die Arbeits- und Beweismethode sowie deren Gültigkeitswert untersuchen, kurz: Erst dann kann die logisch-erkenntnistheoretische Struktur eines Systems Gegenstand der Erkenntnisbemühung werden.

Die Naturwissenschaften und die Technik haben in der Neuzeit diesen relativen Vollendungszustand erreicht und sind in den Kanon der Wissenschaften aufgenommen werden. Galt dem Altertum nur die Metaphysik als strenge Wissenschaft, so kamen im Mittelalter, sicherlich unter dem Einfluß des Christentums, die historischen Disziplinen hinzu (auch die Theologie wußte sich weitgehend von historischen Fakten abhängig). Die Aufnahme nicht-metaphysischer Disziplinen in den Kreis der Wissenschaften brachte die Frage mit sich, wodurch denn die unterschiedlichen Wissenschaften den gemeinsamen Namen „Wissenschaft" verdienten, aber auch die Frage, worin sie sich denn unterscheiden.

Die Technik als Wissenschaft steht zwischen der technischen Praxis oder der praktischen Technik und der reinen Erkenntniswissenschaft, welche die Anwendung außer acht läßt (164). Wie sehr aber die reine Erkenntniswissenschaft die auf Praxis ausgerichtete Wissenschaft förderlich beeinflußt hat, ist aus der Geschichte der Naturwissenschaften und ihrer Einflüsse auf die Technik unmittelbar deutlich. Der Unterschied zwischen Ingenieur- oder Technikwissenschaften und anwendungsorientierten Naturwissenschaften läßt sich oft nur schwer kennzeichnen. Doch dürfte *H. Blenke* in seinem grundsätzlichen Klärungsversuch zuzustimmen sein:

> „*Ingenieurwissenschaft unterscheidet sich von anwendender Naturwissenschaft im wesentlichen dadurch, daß hier zu der Erfassung von Vorgängen und Prozessen noch das Gestalterische hinzukommt, das Entwickeln, Planen, Berechnen und Konstruieren von Maschinen, Apparaten und Anlagen, in denen die Vorgänge und Prozesse sicher und wirtschaftlich durchgeführt werden. Das erfordert neben wissenschaftlichem und wirtschaftlichem Denken auch immer noch viel schöpferische – in gewisser Weise künstlerische – Phantasie und erfinderische Intuition*" (165).

Wer von Wissenschaft und Technik im Sinne einer Antithese spricht, sieht nur die praktische Technik als Technik und nur die nicht praxisbezogene Wissenschaft als Wissenschaft im strengeren Sinne. Die Realität ist jedoch so, daß Technik in beides hineinragt, in Wissenschaft und Praxis. Zur Technik gehört die gesamte technische Wissenschaft unter Einschluß der angewandten Naturwissenschaft, aber auch die Verwirklichung in der technischen Praxis, auch wenn das konkrete einzelne Handeln in keiner Weise wissenschaftlichen Hintergrund sichtbar werden läßt.

Im Marxismus sieht man Naturwissenschaften und Technikwissenschaften im engeren Verbund mit den Gesellschaftswissenschaften. Sie werden einheitlich auf dem in Teilgebieten bereits vollendeten Entwicklungsweg zu unmittelbaren Produktivkräften gesehen. Dabei ist man überzeugt, daß die philosophischen Probleme der Natur-, Technik- und Gesellschaftswissenschaften von ebensolcher – wenn auch mittelbarer – praktischer Bedeutung sind wie die Einzelwissenschaften selbst. Zur Produktivkraft Wissenschaft gehören in marxistischer Sicht „die Gesamtheit wissenschaftlicher Erkenntnisse und alle objektiv notwendigen Faktoren (Arbeitskräfte und Produktionsmittel) des wissenschaftlichen Arbeitsprozesses, soweit sie im Sozialismus im Prozeß der produktiven gesellschaftlichen Gesamtarbeit zum Wachstum der Produktion und zur Steigerung der Arbeitsproduktivität beitragen" (166).

Gegenstand der Wissenschaftstheorie der Technik kann daher im Marxismus nicht eine isolierte Technik oder Technikwissenschaft sein, sondern man muß von der menschlichen Arbeit ausgehen und die Technologie als theoretische und praktische Produktionswissenschaft auffassen. Es kann keine „gesellschaftsneutrale" Technologie und darum keine Wissenschaftstheorie geben, deren Gegenstand isolierte Technologie wäre (167).

Philosophie der Technik muß diesen gesamten Bereich der Technik zum Begriff erheben. Damit ist ihr zwar ein innerlich sehr differenzierter Gegenstand als Objekt gegeben, der jedoch ein einheitliches System bildet, dessen Strukturanalyse vor schwierige Aufgaben stellt. Zu den philosophischen Aufgaben, welche die Technik stellt, gehören die Erforschung ihrer Grundlage, besonders das Problem der empirischen Begründung ihrer theoretischen Aussagen, Begriffsbildung und -klärung sowie Aufbau und Struktur wissenschaftlicher Hypothesen und Theorien auf der Grundlage von Induktion und Überprüfung von Hypothesen zusammen mit der Klärung des Umfangs und der Reichweite von Prognosen (168). Erst durch diese vornehmlich erkenntnistheoretischen Untersuchungen kann der gesicherte Ausgangspunkt geschaffen werden, der es erlaubt, die Auswirkungen der Technik auf andere Lebensbereiche zu erforschen.

Die Einfügung der Technik in weitere Zusammenhänge macht es erforderlich, daß Technik nicht isoliert vermittelt werden kann, so daß auch ein kurzer Hinweis auf Voraussetzungen und begleitende Hilfen in einer Gesamtdarstellung der Technik nicht fehlen darf.

Voraussetzungen und Hilfswissenschaften der Technik

Ausgangspunkt für die Überlegungen, welche Voraussetzungen und Hilfswissenschaften die Technik benötigt, bildet der Katalog der Fähigkeiten und Kenntnisse des Ingenieurs, die nicht eigentlich zum Bereich der Technik gehören, ohne die aber technisch-wissenschaftliche Arbeit nicht möglich ist.

Hier sind an erster Stelle nicht die instrumentalen Fähigkeiten gemeint, sondern Lernfähigkeit, Argumentation und Kommunikation, Abstraktionsfähigkeit, die sich im Denken in Modellen und Systemen ausprägt, ferner Kreativität und Improvisationsfähigkeit, berufliche Mobilität, Fähigkeit zur Gruppenarbeit sowie Bereitschaft zum Kompromiß und zur kritisch reflektierten Übernahme von Verantwortung, die nur in Entscheidungsfreudigkeit geleistet werden kann (169).

a) Naturwissenschaften

In der Tatsache, daß Technik die Kenntnis der Naturwissenschaften voraussetzt, daß sie auch Umsetzung naturwissenschaftlicher Erkenntnisse ist und daß sie immer die in diesen Wissenschaften das Objekt des Erkenntnisstrebens darstellenden Gesetzmäßigkeiten beobachten muß: in diesem Sachverhalt liegt der Wahrheitskern der in ihrer Absolutheit nicht gültigen, häufig vorgebrachten Aussage, derzufolge Technik angewandte Naturwissenschaft sei. So ist z. B. die Physik Voraussetzung u. a. für die Elektrotechnik. Die chemische Verfahrenstechnik richtet sich nach den Erkenntnissen der Chemie, Siedlungswasserwirtschaft setzt Biologie und Ökologie voraus, während Verkehrswissenschaften, für die als spezielles Beispiel der Eisenbahnbau stehen mag, nicht ohne Geographie und Geologie arbeiten können.

b) Mathematik und Statistik

Beispielsweise sei an die Benutzung der Mathematik im Bauingenieurwesen und Vermessungswesen, aber auch in der Betriebs-

und Produktionsorganisation sowie in der Informationstechnik erinnert.

c) Wirtschaftswissenschaften

Nutzen-Kosten-Analyse, Wertanalyse, Technology Assessment und Finanzplanung sind ohne wirtschaftswissenschaftliche Kenntnisse nicht zu leisten.

d) Soziologie

Frühere Nichtbeachtung soziologischer Gegebenheiten hat zu teilweise kritischen Folgen in Verkehrswesen, Bauwesen, Städteplanung sowie Versorgungs- und Entsorgungssystemen geführt. Die Reaktion darauf führte zu teilweise übertriebener Wertschätzung dieser Disziplin, die zwar unentbehrlich, aber nicht allgemein maßgebend ist.

e) Psychologie

Weil kaum ein Ingenieur für sich allein arbeitet, kommt in der Ingenieurpraxis auch der Psychologie eine wichtige Funktion zu, die zwar nicht für die Ingenieurtätigkeit als solche wesentlich ist, sondern sich akzidentell aus der gesellschaftlichen Form der Ingenieurpraxis ergibt. Gerade die notwendige Fähigkeit zur Menschenführung erfordert unter den gegenwärtigen Gegebenheiten oft mehr als nur gesunden Menschenverstand. Auch für die Gestaltung des technischen Produktes sind psychologische Kenntnisse wichtig, da das Produkt ja Wünsche und Bedürfnisse des Menschen befriedigen soll.

f) Philosophie

Ganz grundsätzlich kann philosophische Anthropologie fragen, wie sich der Mensch als Mensch verwirklicht und wie er die Menschheit in ihrer Geschichte voranbringt, wenn er technisch tätig ist.

Da Ingenieurtätigkeit sich auch versteht als Erfüllung individueller und gesellschaftlicher Bedürfnisse, ist die Formulierung dieser

Bedürfnisse besonders wichtig, da sie als Zielvorgabe dem Ingenieurschaffen die Richtung weist. Die Reflexion darüber ist jedoch Aufgabe der Philosophie. Die philosophische Disziplin der Ethik stellt dabei insbesondere zwei Fragen:

- Was muß gemacht werden zum Nutzen des Menschen?
- Was darf nicht gemacht werden im Interesse des Menschen?

Die Einsicht, daß in diesen Wissenschaften Hilfen oder gar unentbehrliche Voraussetzungen für die Technik liegen, erschweren einerseits die Betrachtung der Technik als eines einheitlichen Gegenstandes, machen aber andererseits deutlich, wie gerade hier der ganze Mensch nicht nur betroffen ist, sondern seine tätige Erfüllung finden kann, da er hier nicht einseitig, sondern ganzheitlich gefordert wird.

Zur Methodik der technischen Arbeit

Aufgabe jeder Philosophie einer Wissenschaft ist es vor allem, eine spezielle Erkenntnistheorie und Methodologie ihres Bereiches zu entwickeln und darzustellen (170). Daher müssen auch für die Technik zwei Fragen geklärt werden:

- Welche Methode wendet die Technik an?
- Welcher Gültigkeitsgrad oder Wert kommt den Ergebnissen technischer Wissenschaft zu?

In den Methoden ihrer Arbeit liegt ein wichtiges Unterscheidungsmerkmal wissenschaftlicher Disziplinen, die von der Methodologie zum Objekt der Forschung gemacht werden. Unter Methodologie oder Methodenlehre versteht man „die kritische Untersuchung der allgemeinen und speziellen Methoden der Erkenntnis und Wissenschaft, die als Anwendungen logischer Prinzipien dargetan und nach ihrer Leistung zur Erreichung des Erkenntniszwecks beurteilt werden" (171). Nach *Eislers* „Wörterbuch der philosophischen Begriffe" umfaßt die wissenschaftliche Methodik meist „Beobachtung, Beschreibung, Analyse, Definition, Beweis, Klassifikation, kausale Erklärung, Anwendung von Hypothesen, Postulaten, Analogien". *Eisler* gibt auch das Experiment als Methode an, ohne es bestimmten Wissenschaften zuzueignen, während er die Methoden der Deutung speziell den Geisteswissenschaften zuweist (172). Diesem Methodenverständnis entspricht es auch, wenn im „Philosophischen Wörterbuch" von *G. Klaus* und *M. Buhr* die Methode erklärt wird als ein „System von Regeln, das die Verfahrensweise zur Erlangung neuer Erkenntnisse in einem bestimmten Bereich der Wissenschaft bestimmt". Dieses ostdeutsche Wörterbuch weitet den Begriff der Methode dann aber aus auf alle Verfahrensweisen, die auf einem bestimmten System von Regeln beruhen und „eine rationelle und folgerichtige Durchführung praktischer Tätigkeiten zur Erreichung maximaler Resultate zum Ziele haben" (173).

Nur eine kritische Betrachtung der Methoden einer Wissenschaft kann darüber entscheiden, ob ein System dem Anspruch der Wissenschaftlichkeit genügt, weil nur so der straffe und lückenlose Begründungszusammenhang kritisch gesichert werden kann, der jedem Element im System seine feste Stellung anweist. *Aristoteles,* der vornehmlich in den „Analytica posteriora" die Axiomatik der Alten geschaffen hat, orientierte sich wesentlich an der Mathematik und verlangte deshalb, daß eine Wissenschaft diesem Bild eines kategorisch-deduktiven Systems entsprach, wie es in der Mathematik schon zu seiner Zeit relativ abgeschlossen vorlag. Obwohl schon *Aristoteles* selbst viele empirische Forschungen geleistet hatte, sah er sich nicht imstande, diese auf gleichen wissenschaftstheoretischen Rang mit der Metaphysik zu stellen. Daran hat sich bis weit in die Neuzeit wenig geändert, und noch heute herrscht in weiten Kreisen der Geisteswissenschaften ein gewisses, wenn auch nicht immer deutlich artikuliertes Vorurteil, nach welchem die apriorisch-deduktive Methode der Metaphysik des vorkantischen Rationalismus wissenschaftstheoretisch höher zu bewerten sei als die empirisch-induktiven Verfahren der Naturwissenschaften und der technischen Wissenschaften.

Da es uns hier vornehmlich um einen Beitrag zum Verständnis der Technik als Wissenschaft geht, können wir darauf verzichten, näher auf die apriorisch-deduktive Methode einzugehen, die darin besteht, daß aus als wahr vorausgesetzten Aussagen mit Hilfe bereits erwiesener oder erschlossener Aussagen nach den Gesetzen der Logik neue Aussagen abgeleitet werden. Es muß uns hier um die Methoden gehen, die dem Gegenstandsbereich, d. h. der Technik, angemessen sind. Da jedoch Technik auf den Bereich des Machens und der Machbarkeit bezogen ist, enthält die Methodenlehre der Technik immer auch ein empirisches Element. Grundsätzlich benutzen Technikwissenschaft und Naturwissenschaft zur Erforschung von Phänomenen, zum Aufstellen von Theorien und zu ihrer Überprüfung die gleichen Methoden (174). Erst die Frage nach dem „Machen" bringt eine Weiterung für den Bereich der technischen Wissenschaften gegenüber den „reinen" Naturwissenschaften. Die Gesetze der Naturwissenschaften, denen auch die Technik sich unterordnet oder derer sie sich bedient, werden empirisch-induktiv gewonnen.

Die sogenannte induktive Methode setzt sich aus fünf Operationen zusammen:

- Beobachtung oder Experiment und Beschreibung des Beobachteten durch abstrakte Begriffe,
- Zusammenfassung der Beobachtungsergebnisse zu empirischen oder induktiven Naturgesetzen,
- Erklärung der Beobachtungen oder Hypothesenbildung,
- Axiomatische Darstellung der Theorie,
- Verifikation des Hypothesensystems.

Beobachtung im engeren Sinne ist eine bloße Kenntnisnahme von Vorgängen und Veränderungen, wobei der einzelne Vorgang aufmerksam und möglichst genau betrachtet und gedanklich analysiert wird. Die ursprüngliche Beobachtung ist also eine Erfahrungsanalyse. Sie geht zunächst noch nicht durch Schlüsse über das in Erfahrung Gegebene hinaus.

Experimentieren ist Beobachtung unter künstlich hergestellten Bedingungen und mit künstlich hergestellten Apparaten. Genauer: Experimentieren ist das Forschungsverfahren, bei dem man planmäßig und systematisch aufgrund bestimmter Voraussetzungen das Forschungsobjekt dadurch zu erkennen sucht, daß man es unter künstlich hergestellten Bedingungen und Umständen beobachtet, daß man versucht, das Forschungsobjekt möglichst zu isolieren und durch Variation der Umstände seine sog. „Ursachen", seine notwendigen und seine hinreichenden Bedingungen festzustellen. Damit ist das Experiment durch folgende Merkmale gekennzeichnet:

- Relative Willkürlichkeit der Bedingungen, die der Experimentator wählt,

– Wiederholbarkeit oder Bedingungskonstanz,
– Variierbarkeit der Bedingungen.

Der Weg von der Beobachtung oder vom beobachteten Experiment zur Erkenntnis, zum Satz, zur Hypothese und zur Theorie ist der Weg der sogenannten Induktion. Unter Induktion verstehen wir den Schluß vom Besonderen zum Allgemeinen, wobei das Besondere durch Erfahrung festgestellt wird. Die Induktion kann vollständig oder unvollständig sein.

Bei einer vollständigen Induktion sind alle Fälle eines Gegenstandsbereichs untersucht und ihre Gemeinsamkeiten in einem Gesetz zusammengefaßt. Damit steht von vornherein fest, daß anschließend der umgekehrte Weg von dem durch vollständige Induktion gewonnenen Gesetz zu jedem unter es fallenden Einzelfall möglich und gültig ist. Aber diese Deduktion auf Grund vollständiger Induktion ist uninteressant: Es werden keine neuen Erkenntnisse gewonnen.

Eine unvollständige Induktion liegt vor, wenn zur Bildung eines allgemeinen Gesetzes nicht alle Einzelfälle gegeben sind oder wenn nicht alle Einzelfälle untersucht werden. Die Verallgemeinerung auf Grund der einzelnen Feststellungen führt zur Bildung von Hypothesen, welche in weiterer Zusammenfassung eine Theorie ergeben, die in vielen Fällen axiomatisch dargestellt werden kann. Daraus können nun wiederum in Umkehrung des Erkenntnisweges Folgerungen abgeleitet werden, also auf deduktivem Wege Schlüsse gezogen werden. Durch die Anwendung auf unbekannte Sachverhalte kann hier Neues erkannt werden. Diese Möglichkeit des Menschen ist daher höchst interessant.

Da das induktive Vorgehen – mittels unvollständiger Induktion – für Naturwissenschaften und Technik charakteristisch ist, soll es näher erläutert werden.

Die unvollständige Induktion ist der Schluß von einer endlichen Zahl beobachteter Fälle auf alle Fälle des gleichen Bereichs.

Der Forscher faßt die Einzelergebnisse einer Beobachtungs- oder Experimentenreihe zu allgemeinen Begriffen und Sätzen zusammen und versucht, sie gegebenenfalls in mathematischer Zeichen- oder Symbolsprache auszudrücken. Oft wird die unvollständige Induktion auch bestimmt als Schluß von der Konstanz oder Invarianz gewisser Relationen oder Zusammenhänge auf ihre „Notwendigkeit" oder „Allgemeinheit".

Diese Bestimmungen sind nicht gleichwertig. Ein Schluß von der Konstanz auf die Notwendigkeit behauptet weit mehr als der Schluß von der Partikularität auf die Universalität. Aus der Notwendigkeit folgt die Universalität, nicht aber aus der Universalität die Notwendigkeit.

Die durch unvollständige Induktion gewonnenen Allgemeinbegriffe und Allgemeinurteile nennt man vielfach Klassenbegriffe und Klassenurteile im Unterschied von Wesensbegriffen und Wesensurteilen, die als notwendige und allgemeingültige gelten. Die induzierten Urteile nennt man meist induktive, richtiger „induzierte" Naturgesetze, man bezeichnet sie auch als empirische oder experimentelle Naturgesetze.

Während Wesensgesetze apodiktische und einsichtige Urteile sind – propositiones necessariae de necessario (175) –, werden empirische Gesetze nicht als notwendig behauptet und setzen auch keine notwendigen Sachverhalte voraus.

Mit welchem Recht kann der Forscher nun von einigen beobachteten Fällen auf alle Fälle schließen, also auch auf nichtbeobachtete und vor allem auch auf zukünftige? Dazu gibt weder die reine Logik noch die reine Erfahrungsanalyse das Recht. Den Rechtsgrund dieses Schlusses sieht man im sog. Induktionsprinzip oder Induktionspostulat, das zwei unterschiedliche Fassungen gefunden hat:

- als Postulat der Gleichförmigkeit oder Regelmäßigkeit des Naturgeschehens,
- als Postulat der Naturnotwendigkeit oder der eindeutigen Determiniertheit des Naturgesetzes, kurz das Kausalgesetz genannt, das man so formulieren kann: Alles in der Natur folgt mit Notwendigkeit aus seiner Vergangenheit.

Die zweite Formulierung behauptet mehr als die erste, was sofort deutlich wird, wenn man die Frage stellt, ob bei Annahme dieser Formulierung die Möglichkeit besteht, die Existenz eines freien Gottes einzuräumen: Das wäre nur bei der ersten Fassung möglich.

Die unvollständige Induktion kann nie strenge Gewißheit verbürgen, sondern prinzipiell nur eine mehr oder minder große Wahrscheinlichkeit. Schon ein einziger gegenteiliger Fall ist logisch ausreichend, die behauptete Allgemeingültigkeit des induzierten Gesetzes als ganz sicher zu Unrecht beansprucht zu erweisen. Die Begründung für diese Behauptungen liegt darin, daß in der Naturwissenschaft und in der Technik die Kenntnis des Tatsachenmaterials stets und im Blick auf die Zukunft prinzipiell lückenhaft bleibt. Das Induktionspostulat ist in beiden Formulierungen nicht evident und hat in der Zukunftsdimension keine Gewißheit, sondern behält erkenntnistheoretisch immer „nur" den Rang von Wahrscheinlichkeit.

Für die erkenntnistheoretische Betrachtung ergeben sich schon jetzt zwei Resultate:

- Das letzte Kriterium der Naturerkenntnis ist die sinnliche Wahrnehmung, die selbstverständlich durch technische Hilfsmittel verbessert werden kann; das gilt für Gewinnung wie Verifikation solcher Erkenntnis.
- Erkenntnistheoretisch hat die Relation der Verschiedenheit Vorrang vor der Relation der Gleichheit. Auch die technischen Hilfsmittel ändern prinzipiell nichts daran, daß wir eine festgestellte Verschiedenheit behaupten können, während eine nicht festgestellte Verschiedenheit nicht zur Behauptung der Gleichheit berechtigt.

Induktion ist die Voraussetzung für Hypothesenbildung und axiomatische Darstellung. Nachdem für ein bestimmtes Gebiet eine Reihe von experimentellen oder induktiven Gesetzen gewonnen ist, sucht man eine endliche Anzahl von Obersätzen zu formulieren, aus denen jene experimentellen Sätze als Folgesätze abgeleitet werden können. Die Erfindungsinduktion und die deduktive

Darstellung sind also inverse Operationen. Zunächst werden in einem meist langwierigen Prozeß wissenschaftlicher Entwicklungen Hypothesen und Theorien formuliert, die sich als Abstraktionen induktiv gewonnener Erkenntnisse erweisen. Diese versucht man, systematisch zu ergänzen und zu einem System zu ordnen, das man dann axiomatisiert. Die Axiome sind so zu wählen, daß sie die bekannten Anforderungen an ein Axiomensystem erfüllen. Sie müssen innerlich und untereinander widerspruchsfrei sein; sie müssen die Deduktion der Gesamtheit der induktiv gewonnenen Erkenntnisse und Gesetze zulassen; sie müssen unabhängig sein, da sie sonst nicht zu den Axiomen, sondern zu den daraus ableitbaren Theoremen gehören.

Nach Ausbildung einer axiomatisierten oder auch bereits einer noch nicht axiomatisierten Theorie, deren Sätze durch empirisch-induktive Verfahren gewonnen wurden, kann also im Rahmen dieser Theorie auch die Deduktion als Arbeitsmethode angewandt werden. Es handelt sich dann aber niemals um ein kategorisch-deduktives Verfahren, sondern immer um ein hypothetisch-deduktives. Kategorisch-deduktiv werden Folgesätze abgeleitet aus einer endlichen Anzahl von Axiomen, die als unbezweifelbar wahr gelten und eines Beweises nicht bedürftig (aber auch nicht fähig) sind; logisch korrekt abgeleitete Folgerungen besitzen denselben Wahrheitswert wie die Ausgangsaxiome. Beim hypothetisch-deduktiven Vorgehen ist nur die Wahrheit oder Wahrscheinlichkeit der experimentell gesicherten Folgesätze bekannt, nicht aber die der Axiome, die ja nur hypothetische Verallgemeinerungen sind.

Die Deduktion aus empirisch-induktiv gewonnenen Theorien ist zugleich eine Methode der Verifikation der Forschungsergebnisse, da sie entweder die bisherige Theorie bestätigt und somit der empirischen Basis der Induktion ein neues Element hinzufügt oder aber die bisherige Theorie als falsch erweist und so dazu zwingt, neue Hypothesen zu bilden.

Bei der Konfrontation von Folgerungen mit der Wirklichkeit oder den Erfahrungsdaten gibt es einen bevorzugten Bereich der Prüfung, nämlich den Bereich der Vorhersagen oder Prognosen. Stimmen alle Prognosen mit der Erfahrung überein oder sind zumindest keine Widersprüche aufzeigbar, so kann die Theorie wahr sein, braucht es aber nicht, da später noch Nicht-Übereinstimmungen mit abgeleiteten empirischen Folgerungen gefunden werden könnten, oder weil bisher unbekannte Tatsachen eine Erweiterung oder Änderung der Theorie erforderlich machen. Steht auch nur eine Folgerung mit der Erfahrung im Widerspruch, so ist sicher mindestens eine der Hypothesen falsch.

Es ist also unmöglich, die Gültigkeit eines naturwissenschaftlichen oder technikwissenschaftlichen Axiomensystems durch indirekte Verfahren a posteriori durch Erfahrung zu beweisen. Wohl ist es möglich, seine Ungültigkeit auf diesem Wege aufzuzeigen. Verifikation ist unmöglich. Falsifikation ist möglich. In ganz bestimmten Fällen mag indirekte Verifikation durch Falsifikation des kontradiktatorischen Gegenteils der zu verifizierenden Sätze möglich sein, wobei immer noch das Problem der Exklusion weiterer Möglichkeiten bleibt.

Es bleibt also festzuhalten, daß die induktive Methode grundsätzlich keinen Anspruch auf unveränderliche Wahrheit erheben kann, was sie natürlich auch nicht braucht zur Begründung ihrer praktischen Verwertbarkeit. Ihre Erkenntnisse bleiben prinzipiell vorläufig und sind ständig den Fortschritten der Einzelwissenschaften mit ihren konkreten Ergebnissen anzupassen. Jede Erweiterung der Erfahrung kann dazu zwingen, bisherige Hypothesen umzuformen oder gar preiszugeben.

Es kann daher nicht verwundern, daß man sich um eine Weiterentwicklung dieser empirisch-induktiven Methode bemüht hat, um über bloße Wahrscheinlichkeit hinauszukommen – obgleich sich auch mit bloßer Wahrscheinlichkeit praktisch sehr gut arbeiten läßt. Eine solche Weiterentwicklung der Induktion haben wir zu sehen im aposteriorisch-resolutiven Verfahren, das Sicherheit verbürgt, auch wenn es nicht die Gesamtheit der Fälle eines Gegenstandsbereiches erfaßt, sondern nur einen Teil oder sogar nur einen Einzelfall. Auch hier bildet die Erfahrung die Grundlage. Deshalb ist dieses Verfahren ein aposteriorisches. Es wird jedoch nicht wie bei der einfachen Induktion ein in vielen Fällen festgestelltes Ergebnis zusammenfassend formuliert, sondern in der Resolution wird am Einzelfall die Gesetzmäßigkeit erforscht. Es handelt sich also um eine singulär fundierte Erfahrungsanalyse, die wie die „intuitionistische" Methode eines *Bergson* oder die „Wesensschau" der Phänomenologen den Schluß zuläßt, daß in allen völlig gleich gearteten Fällen die gleiche Gesetzmäßigkeit zutreffe. Diese Erkenntnis hatte am Ausgang des Mittelalters bereits *Ockham,* doch ist sie erst in unserem Jahrhundert wieder aufgegriffen und entwickelt worden. Je komplizierter und konkret-individueller die Erscheinungen sind, desto schwieriger wird eine solche Sicherheit beanspruchende Erfahrungsanalyse, desto schwieriger wird es vor allem, aus solcher Erfahrung zu Hypothesen- und Theorienbildung zu gelangen. Gerade in der Technik wird darum das auf Einfällen und auf geplanter Variation beruhende bastelnde Experimentieren auf Erfolg oder Mißerfolg als wissenschaftlich ernstzunehmender Teil methodischer Arbeit betrachtet werden müssen (176).

Die Technik in all ihren Richtungen – wie die Naturwissenschaften mehr auf das „reine" Wissen- und Erkennenwollen im Bereich des vom Menschen Gemachten oder Machbaren ausgerichtet oder mehr auf das Machen selbst abzielend –, immer bedient sich die Technik der empirisch begründeten Induktion, um aus vielen Erfahrungen Verallgemeinerungen oder Gesetzmäßigkeiten zu gewinnen sowie Hypothesen und Theorien bilden zu können. Dann jedoch begeht die Technik immer auch den gegenläufigen Weg, indem sie vom Allgemeinen durch ständige Variation verschiedener Elemente zum Besonderen zu gelangen sucht.

Diese Wissenschaft der Technik erfüllt damit wie die Naturwissenschaften alle Anforderungen, die an wissenschaftliche Methodik gestellt werden müssen. In diesem Bereich wäre die Methode der klassischen Metaphysik, die auf Erforschung der notwendigen Bedingungen und Beziehungen des Realen abzielte, nicht gegenstandsgerecht.

Die Technik als Wissenschaft übernimmt die Grundlagen von den Naturwissenschaften; sie selbst erforscht und lehrt die Wege des Gestaltens, Bearbeitens und Nutzens der unmittelbar oder mittelbar (bereits durch Arbeit veränderten) naturgegebenen Bestände zu neuen Formen der Realität. Sie läßt sich hierbei von Bedürfnissen und „Ideen" leiten, wobei die Ideen nicht dem platonischen Himmel entstammen, sondern aus Elementen vorhandener Realität nach menschlichen Bedürfnissen und Wünschen zusammengefügte Möglichkeiten sind.

Die Beziehungen im Realen zu verstehen und Wege zu ihrer Gestaltung im Interesse des Menschen zu weisen, ist Aufgabe der Technik als Wissenschaft. Solcher Wissenschaft muß die Methode angemessen sein: Der Mensch muß vom konkreten Besonderen ausgehen, ehe er verallgemeinernde Aussagen machen kann, die auf der nächsten Stufe dann eine weitere Zusammenfassung und Strukturierung gestatten, so daß der Entwurf einer Gesamttheorie möglich wird, aus der wiederum durch systematisches Durchspielen aller Variationsmöglichkeiten neue „Ideen" gewonnen werden, welchen die freie Tat des Menschen reale Gestalt schenken kann.

Wenn wir nun wohl deutlich gemacht haben, daß die Erkenntnisgewinnung in Natur- und Technikwissenschaften den gleichen Weg geht, so ist jedoch noch auf einen kleinen Unterschied hinzuweisen, der sich aus der unterschiedlichen Aufgabe, etwa des Physikers und des Konstrukteurs ergibt. Der Physiker führt Experimente durch, um Erkenntnisse zu sammeln; der Konstrukteur sammelt Erkenntnisse, um auf ihrer Grundlage bestimmte Wünsche oder Forderungen zu erfüllen. Dabei wird physikalisches Geschehen durch konstruktive Mittel an einem Wirkort innerhalb einer Maschinerie erzwungen. Die Arbeitsschritte der Erkenntnis und des Schaffens werden in entgegengesetzter Reihenfolge durchgeführt. Die Aufgabe des Physikers ist das Erkennen des physikalischen Geschehens und damit die Bereitung der physikalischen Mittel. Die Aufgabe des Konstrukteurs ist das Verwenden des physikalischen Geschehens für einen Zweck und damit der Gebrauch der ausgebildeten Mittel der Physik (177).

Die gegenwärtige Philosophie und Wissenschaftstheorie hat diese Einsichten erheblich vertieft, entfernte sich dabei aber immer mehr von der Praxis der Technik, so daß sie dem Ingenieur fast unverständlich wurde (178).

Die Kreativität des Ingenieurs

Der technische Fortschritt umfaßt sowohl die Produktinnovation als Schaffung neuer Produkte und neuer Qualitäten schon bekannter Produkte wie auch die Prozeßinnovation als den Übergang zu produktiveren, kostengünstigeren, die Umwelt und den Menschen weniger belastenden Produktionsverfahren (179).

Neben ökonomischen Faktoren, die bisher leider fast allen Produkten eine im Vergleich zu früheren Verhältnissen relativ kurze Lebensdauer zukommen lassen, ist es vor allem die Kreativität des Ingenieurs, die den Fortschritt treibt. Kreativität ist die Fähigkeit, bisher unbekannte Ideen, Problemlösungen und Produkte hervorzubringen; sie gründet zumeist in der Fähigkeit, bisher isolierte Faktoren miteinander in Verbindung zu bringen (180). Wenn Kreativität geplant und organisiert wird, spricht man von Forschung, die in methodisch-systematischer, nachvollziehbarer und prüfbarer Weise neue Erkenntnisse zu finden sucht. Die Spannungsproblematik von Erfindung und Konstruktion zeigt sich auch darin, daß eine Forschungsplanung oder ein Forschungsauftrag aus einer intuitiven Idee oder aus logischem Denken entstehen kann.

Der Kreativität als einem der wertvollsten Faktoren in der Welt der technischen Wissenschaft und Praxis müssen besondere Freiräume und Entwicklungsmöglichkeiten gegeben werden. Kreativität entsteht nur selten unter Leistungsdruck; man spricht nicht umsonst von „schöpferischen Pausen". Kreativität braucht Informationsfülle oder sogar Informationsüberfluß. Einen gewissen Anteil kreativer Leistung kann man auch planmäßig provozieren durch Schaffung geeigneter Bedingungen; solche Methoden sind etwa das Brainstorming, die Synektik sowie andere Gruppenmethoden, das sog. „laterale Denken"; auch einige Prognose-

Methoden lassen sich zur Kreativitätsentwicklung nutzen, so etwa die Delphi-Methode, die Extrapolation oder das Szenario-Verfahren. Bei solchen Gruppenmethoden geht man davon aus, daß kreative Menschen sich gegenseitig anregen und füreinander gewissermaßen als Katalysatoren der Kreativität wirken. Wenn *Aristoteles* das Staunen als Beginn der Philosophie bezeichnete, dann gilt das auch von der Kreativität als Weg zur Innovation. Anfang und Ende sind Staunen. Nur staunen jeweils andere, am Anfang steht das Staunen des Kreativen, über ihn und seine Leistung mag sodann die Mitwelt staunen, wie denn auch dem Nichttechniker vielfach nur das Staunen davor bleibt, wenn das Geschaffene unter den Händen des Technikers „geht" oder funktioniert.

Zur Förderung der Kreativität schlägt *K.-H. Flechsig* folgende Wege vor (181):

a) Einwirkung auf das intellektuelle Verhalten durch
   - Abbau von Vorurteilsstrukturen,
   - Ausbildung der Wendigkeit in Auffassung und Äußerung,
   - Fähigkeit, zu einem Sachverhalt möglichst viele und ungewohnte Assoziationen herzustellen,
   - Verfügung über vielfältige Denkmodelle und Denkoperationen,
   - gründliche Sachkenntnisse, die ebenso wie Fleiß die Kreativität fördern,
   - Einüben rationalen Urteilens und Entscheidens nach Kriterienkatalogen,
   - Konzentrationsfähigkeit,
   - Fähigkeit, sich zu wundern und zu staunen und Details zu sehen.

b) Einwirken auf das emotionale Verhalten durch
   - Selbstsicherheit und Freiheit von Angst als effektive Grundbedingung kreativen Verhaltens,
   - Interesse an der Sache und Engagement für sie,

- Fähigkeit, Konflikte, Spannungen, Isolation und Frustration zu ertragen.

c) Unmittelbare Methoden der Kreativitätsförderung
   - Entwicklung eines angemessenen Gruppenklimas,
   - Auswahl geeigneter Anlässe und Problemfelder,
   - Verfügbarmachen von Fertigkeiten und Mitteln,
   - punktuelle Stimulation und Hilfe.

Diese Kreatitivität, die aus der Spontaneität des Neubeginns abseits von eingedrillten Regeln und festgefahrenen Wegen entspringt, scheint der Rationalität der von der modernen Technik geprägten Welt wenigstens insofern zu widersprechen, als sie sich der sicheren Vorausberechnung entzieht; andererseits ist in dieser Welt die kreative Spontaneität besonders gefragt, da sie zu erhöhter Rationalität zu führen vermag.

Es ist auch nicht zu übersehen, daß in Mechanisierung und Automatisierung als Vollendungsformen der Rationalität zugleich neue Möglichkeiten spontaner Entfaltung liegen, weil sie es dem Menschen erlauben, von der Arbeit wegzutreten, um an seiner Stelle die Maschine eintreten zu lassen, so daß er an den Produkten teilhat, ohne unmittelbar an der Produktion beteiligt zu sein.

In der Spannung zwischen Rationalität und Spontaneität, zwischen dem Zwang zur konsequenten Berechnung und dem unverzichtbaren Willen zum Eigenen geschieht menschliches Leben und Arbeiten, geschieht vor allem auch das berufliche Leben derer, die zwar der Rationalität dienen müssen und wollen, indem sie zuverlässige Technik schaffen, die aber auch die Spontaneität sich bewahren möchten, um ihrem Werk die Prägung des Eigenen geben zu können.

Erfindung, Konstruktion und Entwicklung

Im Bereich der Konstruktion hat sich in den letzten Jahren ein entscheidender Wandel vollzogen. Wir sind heute nicht mehr so leicht wie früher geneigt, den Spielraum der intuitiven Gaben des Konstrukteurs sehr weit zu fassen und das Konstruieren in der

Nähe der Erfindung als eine Art Kunst oder Kunstfertigkeit aufzufassen. „Ein Teil dessen, was früher als Intuition verstanden wurde, ist unter dem analysierenden Zugriff der Psychologie zur Kombination bekannter Elemente geworden, und so sind wir geneigt, einen größeren Anteil des Konstruierens für lehrbar und lernbar zu halten" (182).

Das Konstruieren als vorausdenkendes Entwerfen eines Gegenstandes oder Verfahrens hat sich zum Kernbereich entwickelt, an dessen Grenzen Erfindung und Entwicklung anzusetzen sind. Die Erfindung zeichnet sich durch den stärkeren Neuheitsgrad aus, während die Entwicklung einen geringeren Grad an Kreativität beansprucht: Ihr ist das Ziel bereits klar vorgezeichnet.

Vielfach wird „Entwicklung" als der umfassendere Begriff gebraucht, der dann das Konstruieren als Teilbereich unter sich fassen müßte. Die „Empfehlungen für Begriffe und Bezeichnungen im Konstruktionsbereich", die 1966 von der VDI-Fachgruppe Konstruktion veröffentlicht wurden, gebrauchen den Begriff „Entwicklung" in diesem Sinne. Da Philosophie der Technik gegenstandsgerecht der Technik in Theorie und Praxis verbunden bleiben muß, können wir diese empfohlenen Begriffe und Bezeichnungen hier übernehmen (183):

> *„Durch freie oder gezielte natur-, ingenieur- und geisteswissenschaftliche Forschung werden Erkenntnisse gewonnen, mit deren Verwendung in vielen, unter dem Begriff Entwicklung zusammengefaßten Vorgängen die Voraussetzungen zur stofflichen Verwirklichung technischer Gebilde geschaffen werden. Zur Entwicklung gehören auch theoretische und praktische Untersuchungen, wie z. B. besondere Rechenarbeiten, Laboratoriumsarbeiten, Versuche usw. In besonderen Fällen kann der Aufgabenbereich für das Forschen und Entwickeln auch direkt für das Fertigen gelten und dient dann dieser Gruppe zur Unterstützung".*

> *„Die Konstruktion ist der Teil der Entwicklung, der durch gedankliche und darstellende Gestaltung und die Wahl der Fertigungsmöglichkeiten die stoffliche Verwirklichung technischer*

Gebilde vorbereitet. Bei ihrem Ablauf wird sie oft mehrfach Arbeiten der übrigen Entwicklungsstellen veranlassen und deren Ergebnisse verwerten müssen. In der Konstruktion kann man als Haupttätigkeiten das ‚Entwerfen' und das ‚Ausarbeiten' unterscheiden, die allerdings nicht scharf gegeneinander abgegrenzt sind."

Exakter definiert werden in diesen „Empfehlungen" die Begriffe „Konstruieren", „Entwerfen", „Ausarbeiten".

„ ‚Konstruieren' ist eine vorwiegend schöpferische, von Erkenntnissen aus Wissenschaft und Erfahrung getragene, eine optimale Lösung anstrebende Tätigkeit, die das Vorausdenken eines technischen Gebildes vom Entwerfen seines funktionellen und strukturellen Aufbaus bis zum Ausarbeiten fertigungsreifer Unterlagen umfaßt."

„ ‚Entwerfen' ist der Teil des Konstruierens, der nach kritischer Klärung der Aufgabe die funktionale, strukturelle und wirtschaftliche Lösung soweit festlegt und durch weitere Angaben ergänzt, daß ein nachfolgendes Ausarbeiten zur Fertigungsreife eindeutig möglich ist."

„ ‚Ausarbeiten' ist der Teil des Konstruierens, der den Entwurf eines technischen Gebildes durch endgültige Vorschriften für Anordnung, Form, Bemessung und Oberflächenbeschaffenheit aller Einzelteile, Festlegen aller Werkstoffe, Überprüfung der Herstellmöglichkeiten sowie der Kosten ergänzt und die verbindlichen zeichnerischen und sonstigen Unterlagen für seine stoffliche Verwirklichung schafft."

„Das Ergebnis des Entwerfens ist der Entwurf (Entwurfszeichnungen). Das Ergebnis des Ausarbeitens ist ein vollständiger Zeichnungs- und Stücklistensatz."

Ehe eine philosophisch vertiefte Analyse der konstruktiven Tätigkeit versucht wird, soll zunächst die Konstruktionsmethode an Hand der Richtlinie VDI 2222 dargestellt werden (184). Der Weg geht vom Planen über das Konzipieren zum Entwerfen und Ausarbeiten.

Beim Planen zeigt sich deutlich die Verbindung von Realisierungsmöglichkeiten natur- und technikwissenschaftlicher Erkenntnisse mit den Forderungen einzelner oder gesellschaftlicher Gruppen nach Bedürfnis- und Wunscherfüllung. Die Planung hat sich nämlich vorrangig mit folgenden Aufgaben zu befassen:

- Auswerten von Kundenanfragen und Anregungen,
- Auswerten der Analysen von Marktbedürfnissen,
- Möglichkeiten der Weiterentwicklung bestehender Produkte, Erweiterung von Typenreihen,
- neue Anwendungsmöglichkeiten bereits realisierter „Ideen" oder fremder Rechte (Patente, Lizenzen),
- neue Entwicklungen als Realisierungen eigener oder fremder (Patente, Lizenzen) Forschungsergebnisse, Erfindungen oder „Ideen",
- Suche nach grundsätzlich neuen Aufgaben.

Die Planung führt zur Ausarbeitung von Entwicklungsprojekten, über die entschieden werden muß, ehe die Phase des Konzipierens begonnen werden kann. Hier muß zunächst die Aufgabenstellung vollständig geklärt werden. Dazu wird die im Entwicklungsprojekt angegebene verlangte Gesamtfunktion mit den Eingangs- und Ausgangsbedingungen festgelegt, wobei die unentbehrlichen und die unerwünschten Eigenschaften besonders charakterisiert werden. Nun kann eine Anforderungsliste aufgestellt werden, deren Angaben als Eingangs- oder Ausgangsbedingungen der gewünschten Gesamtfunktion zum Erkennen der eigentlichen Aufgabe und später zur Auswahl der bestgeeigneten Lösung notwendig sind. Zur Weiterführung des Konzipierens dient nicht nur die Aufgliederung der Gesamtfunktion in Teilfunktionen, sondern auch das Abstrahieren, das von Bindungen an Vorfixierungen befreien kann und durch Absehen vom Einzelnen, Zufälligen und Unwesentlichen den Weg zum Notwendigen und Wesentlichen freimachen kann. Ganz „allgemeine Aufgaben haben sehr abstrakte Lösungsprinzipien zur Folge, die wiederum eine Vielzahl möglicher Lösungsvarianten zulassen. Bei speziellen Aufgaben wird das Lösungsprinzip weniger abstrakt zu formulieren sein" (185).

Das Denken in Funktionen und nicht in Gegenständen „begünstigt erfahrungsgemäß das Auffinden neuer, besserer Lösungen gegenüber einer zu frühzeitigen Festlegung auf ein bestimmtes Lösungsprinzip" (186). Unter der Funktion versteht man die kausale Zuordnung von Eingangs- und Ausgangszustand zum Zweck der Erfüllung einer Aufgabe in einem gewünschten Vorgang. Nach Feststellung von möglichen Lösungswegen für die Gesamtfunktion kann es sich – je nach Kompliziertheit der Aufgabe – empfehlen, diese Gesamtfunktion in Teilfunktionen aufzuteilen, die man in Funktionsstrukturen ordnen kann.

Der nächste Schritt ist das Suchen nach Lösungsprinzipien zur Erfüllung von Teilfunktionen, die kreativ gefunden werden können, aber in vielen Fällen auch von anderen Lösungen übernommen werden können. Die Lösungsprinzipien von Teilfunktionen müssen zur Lösung für die Gesamtfunktion verträglich sein. Daher empfiehlt es sich, auf allen Zwischenstufen sogleich Konzeptvarianten für die Prinzipkombination zu erarbeiten.

Bei Berechnungen werden besonders die dynamischen Vorgänge häufig mit Hilfe von Ersatzmodellen vorgenommen. Die Arbeit mit Modellen ist als gesonderter Aspekt philosophisch in einer Modelltheorie zu vertiefen.

Nach Beurteilung und Bewertung der Konzeptvarianten wird das günstigste Konzept als Lösung festgelegt. Auf Grund dieser Lösungsvariante wird mit dem Entwerfen begonnen, das vom ersten maßstäblichen Entwurf über mehrere Korrekturen bis zur Ausarbeitung führt, welches das Optimieren aller Gestaltungszonen und das Erstellen der Ausführungsunterlagen (Zeichnungen, Stücklisten etc.) einschließt.

Eine auf das Modell folgende Entwicklungsstufe kann im Prototyp gesehen werden, der besonders vor der Fertigung von kleineren Geräten und Maschinen häufig der Freigabe zur Fertigung vorausgeht. Bei größeren Projekten werden Tests auch an „Teilprototypen", d. h. an Baugruppen oder Teilen durchgeführt, um die Kosten möglichst gering zu halten und vielleicht das erste Ganzerzeugnis bereits als verwendungsfähiges Produkt erstellen zu können.

Gerade im Bereich der Konstruktion zeigt sich die zunehmende Verwissenschaftlichung der Technik besonders deutlich. Es wird versucht, das Konstruieren so weit zu rationalisieren und zu systematisieren, daß es großenteils über Rechner geleistet werden kann. So hat die Entwicklung der Technik auf dem Gebiet der Informationsverarbeitung in ganz erheblichem Maße zur Leistungs- und Produktionssteigerung auf anderen Gebieten beigetragen. Hier gehen westeuropäische und osteuropäische Bemühungen in die gleiche Richtung. Man denkt sogar daran, ein System aller möglichen Konstruktionen ähnlich dem System der Elemente zu entwerfen, aus dem auf Grund des vorhandenen Materials und der gewünschten Funktionen die optimale Konstruktion abgeleitet werden kann (187).

Konstruktive Entwicklungsarbeit ist hierbei zu definieren als „die Klasse gedanklicher und praktischer Operationen und Verfahren mit den entsprechenden Mitteln ..., in denen Menschen neue technische Gebilde ideell vorwegnehmen und praktisch schaffen" (188). Die Ziele für diese Arbeit sind als Ausdruck der jeweiligen historischen Situation zu verstehen, in der neue Wünsche und Bedürfnisse entstehen, deren Erfüllung nur möglich wird, wenn die Menschen selbst die hinreichenden Bedingungen dazu schaffen. In die historische Situation gehen neben den natürlichen (Klima, Bodenschätze usw.) und gesellschaftlichen (soziale und politische Verhältnisse usw.) vor allem auch die intellektuellen (Entwicklungsstand der Wissenschaft und der Kultur) Bedingungen der menschlichen Tätigkeit ein (189). Im Marxismus wird verständlicherweise der Einfluß der gesellschaftlichen Verhältnisse stärker betont, während man im Westen noch zu oft dahin tendiert, den Entwicklungsstand der Technik und den Möglichkeitsgrad weiterer Fortschritte fast absolut zu sehen; doch auch hier scheint die Wende bereits vollzogen zu sein.

Ein bestehendes Bedürfnis wäre befriedigt, wenn die gewünschten Ausgangsgrößen als Ergebnisse von Verarbeitungsprozessen an den Eingangsgrößen erzeugt wären. Damit aber entstünde jeweils wieder eine neue Situation, in der neue gesellschaftliche Bedürfnisse zutage treten. Um die Ausgangsgröße zu erreichen, muß in der vorgefundenen Situation eine Eingangsgröße vorliegen, die unter anderen Möglichkeiten auch die Erzeugung der gewünschten Ausgangsgröße gestattet. Problemlösendes Denken konstruktiver technischer Entwicklungsarbeit wird deshalb hier erforderlich, weil sich in der vorgefundenen historischen Situation dieser Übergang von den Eingangsgrößen zu den gewünschten Ausgangsgrößen mit völlig unzureichender Wahrscheinlichkeit vollzieht. Weil zur Sicherung der Bedürfniserfüllung sich dieser Prozeß annähernd sicher vollziehen muß, darum muß ein technisches Verfahren entwickelt werden, das die Eingangsgrößen einem Verarbeitungsprozeß unterwirft, durch den sie – ggf. über Zwischenstufen durch Mehrfachtransformation – in die gewünschten Ausgangsgrößen überführt werden. Hierbei werden an technische Verfahren auch nicht-technische Forderungen gestellt, die sich aus der Einbeziehung der menschlichen Arbeitskraft sowie aus Überlegungen zu Wirtschafts-, Arbeitsschutz- und Umweltproblemen ergeben. *J. Müller* macht darauf aufmerksam, daß der Zweck, den die Menge der Operatoren in einem technischen Verfahren zu erfüllen hat, komplex ist; der Ingenieur kann sich daher nicht ausschließlich auf naturwissenschaftliche und technikwissenschaftliche Kenntnisse stützen, sondern muß auch gesellschaftswissenschaftliche Überlegungen einbeziehen, zu denen nach marxistischer Ansicht besonders auch die „sozialistische Bewußtheit" hinzugehört – eine Forderung, die wir neutraler fassen können in der Forderung, daß technisches Schaffen von klaren Wert- und Zielvorstellungen her gesteuert werden muß (190).

Dieses Modell gilt nicht nur für die Technik im engeren Sinne, sondern für alle Bereiche, „in denen menschliche praktische Tätigkeit zunächst gedanklich vorweggenommen wird, wo also Pläne, Programme usw. ausgearbeitet werden" (191).

Aus diesen Einsichten, die unabhängig von ideologischen Systemen anerkannt werden können, ergibt sich unmittelbar eine

Kritik an der *Dessauer*schen Technikdefinition, die vielleicht am klarsten aus den Gedanken von *J. Müller* über das problemlösende Denken in der konstruktiven Entwicklungsarbeit hervortritt. Zunächst ist festzustellen, daß schöpferische Prozesse nicht vollständig determiniert sind; sie erfordern Aktivität. Das hindert jedoch nicht, daß der Algorithmus rational konstruierbar bleibt, wenn auch das geordnete Operatorensystem erst nach Abschluß des Lösungsprozesses endgültig formuliert werden kann. Auch *Müller* sieht den Kern des Ingenieurschaffens in der rationalen Konstruktion, nicht in intuitiver Erfindung. Er ist überzeugt, „die Haltlosigkeit der mystifizierenden Interpretation der schöpferischen Tätigkeit des Menschen, also auch der Intuition, der Phantasie, des Einfalls und der Erfindung" offenkundig gemacht zu haben. „Ihre Rolle im schöpferischen Prozeß ist ausdrücklich anerkannt, andererseits aber klargestellt, daß sie nur auf der Grundlage rational konstruierbarer Operatoren bzw. Algorithmen zustande kommen . . . können" (192).

Damit aber steht zugleich fest, daß das wesentlich auf Anwendung rational konstruierbarer Operatoren und Algorithmen beruhende schöpferische Denken auch lehrbar und organisierbar ist.

Konstruktion und Planung

Wie eng Planung und Konstruktion miteinander verbunden sind, ergibt sich schon aus den Definitionen. Wenn *K. Tuchel* Konstruieren versteht als vorausdenkendes Entwerfen eines Gegenstandes oder Verfahrens (193), dann ist das nicht weit entfernt von *H. Stachowiaks* Erklärung der Planung als „gedankliche Vorwegnahme künftigen Handelns" (194). Wie von der Technik allgemein, so gilt selbstverständlich auch von der die Technik einschließenden und zugleich überschreitenden Planung, daß sie den Menschen als Subjekt und Objekt einbeziehen kann und zumeist auch einbeziehen muß. Planung vollzieht sich als Zielplanung und als Handlungs- oder Mittelplanung, die zumeist Alternativen zur Erreichung von Zielen vorschlägt. Handlungsplanung wird zur sog. „strategischen" Planung, wenn im gleichen Bereich gleichzeitig konkurrierende Handlungsträger aktiv werden oder werden können. Das Objekt der Handlung ist immer auch Objekt der Planung, während das Subjekt der Planung nicht notwendig auch Subjekt der folgenden Aktion ist; vielmehr gehört das spätere Handlungssubjekt auch zum Objektbereich der Planung (195). Planungssubjekt und Planungsobjekt, die demnach das Handlungssubjekt und das Handlungsobjekt einschließen, bilden zusammen das Planungssystem als dynamisches Interaktionssystem. Planung entwickelt Ziel- und Handlungsvorstellungen über den Planungsbereich, wobei diese Zielvorstellungen sich aus Kombinationen von Sachinformationen über den Planungs- und Aktionsbereich mit Motiven des Planungssubjektes ergeben. Diese Motive sind allerdings oft nur mittelbar Motive des Planungssubjektes selbst; sie müssen auch nicht Motive des Handlungsträgers sein, sondern können von dritter Seite übernommen sein, so daß Wünsche und Bedürfnisse von Individuen wie von gesellschaftlichen Gruppen darin eingehen können.

Wenn aus Zielvorstellungen Handlungsplanungen abgeleitet werden, müssen zwei Input-Output-Transformationen vollzogen werden. Zunächst wird der Input von Sachinformationen und Motiven zum Output der Zielvorstellungen, die als neuer Input zum Output der Aktionspläne transformiert werden, ehe sie in der Transformation dieser Pläne zu technischen Realisierungen in Produkten oder Verfahren werden.

Der kybernetische Kreis schließt sich, wenn die planmäßig veränderte Umwelt wieder Inputs liefert, die einmal als Kontroll- oder Informationsinstrument dienen und in Regelungsgrößen transformiert werden oder auch Ausgangsbasis für neue Planungen darstellen. Ein gleicher Anstoß zu neuer Planung und Aktion ergibt sich, wenn sich Motive und Zielvorstellungen etwa unter dem Einfluß der Situationsveränderung ebenfalls gewandelt haben (196). Hiermit ist der bei Konstruktionsaufgaben in der Technik fast regelmäßig eintretende Fall beschrieben, bei dem es darum geht, eine prozeßhafte, sukzessiv zu korrigierende Planung durchzuführen. Während früher die Formulierung von Zielen durchweg weniger Schwierigkeiten machte als die Suche nach Lösungen zum Erreichen dieser Ziele, erweist sich infolge der bestehenden gesellschaftlichen Unsicherheit über Ziel- und Wertvorstellungen zunehmend die Transformation des Inputs von Sachinformationen und Bedürfnis- oder Wunschartikulationen in operationalisierte Zielangaben als eine häufig nur nach ausführlicher Diskussion und langwierigen Abstimmungsversuchen lösbare Aufgabe.

Wie für die Konstruktion, so ist auch für planerisches Vorgehen generell das Wechselspiel zwischen Analyse und Synthese charakteristisch. In Regelprozessen, die sich gegenseitig steuern, folgen Analyse und Synthese in wiederholten Arbeitsgängen aufeinander, bis die Entscheidung und daraufhin die Realisierung möglich werden. Bei komplizierteren Prozessen lohnt es sich, diese Ausregelung auf einem Rechner durchzuführen, auf dem an einem Simulationsmodell unterschiedlichste Systemänderungen unter bestimmten Zielvoraussetzungen in systematischer Analyse überprüft werden können.

Besondere Schwierigkeiten bereiten alle Systeme, in denen Menschen als Faktoren berücksichtigt werden müssen, so daß subjektive Anteile aus dem Freiheitsbereich des Denkens und Wollens eingebracht werden können, die so weit prognostisch erfaßt werden müssen, daß der Rahmen der Planung sie umschließen kann. Das Instrumentarium für solche Voraussagen fehlt noch weitgehend und wird vielleicht nie restfrei zufriedenstellend erreichbar sein, weil Freiheitsräume und sich wandelnde Motivationen von Subjekten darin einbezogen werden müssen.

Der Rückgriff auf Statistiken etwa ist problematisch, weil die Richtung ihrer zukünftigen Dynamik von den gleichen subjektiven Faktoren beeinflußbar bleibt. Eher ist hier eine Hilfe von einer allgemeinen Modelltheorie zu erwarten (197).

Konstruktion und Modell

Unter einem Modell versteht man die „Abbildung von Objekten, Eigenschaften oder Relationen eines bestimmten Bereichs der objektiven Realität" – auch die antizipierte objektive Realität –

„oder einer Wissenschaft auf einfachere, übersichtliche materielle Strukturen desselben oder eines anderen Bereichs". Arbeit an einem Modell ist nur dann sinnvoll, wenn an ihm Fakten und Zusammenhänge des modellierten Bereichs übersichtlicher und klarer dargestellt werden können; nur unter diesen Voraussetzungen lassen sich aus der Analyse des Modells Erkenntnisse über den dazu analogen Bereich gewinnen (198). Solche Modelle bieten die Möglichkeit, daß durch Experimentieren am gleichen Objekt nacheinander verschiedene Parameter optimiert werden können, so daß dann die Optimierung von Parameterkombinationen möglich wird, wobei das Optimum jeweils von unterschiedlichen Interessen bestimmt wird, so daß bei einem solchen Kombinationsoptimum unter Umständen nicht ein einziger Parameter absolut optimiert würde. Es geht darum, innerhalb einer vorgegebenen Systemfunktion Werte festzulegen, auf die hin das System optimiert wird. Die vorgegebene Zweckrationalität bestimmt also die Art der Optimierung des Systems (199).

Das System kann dabei als multifunktional und multivalent betrachtet werden, so daß sich für zweckrationale Optimierung unterschiedliche Möglichkeiten ergeben. Damit würde man zugleich der Tendenz entgehen können, das gewünschte Optimum als Ideal im platonischen Sinne auffassen zu müssen, wie es bei *Dessauer* der Fall war. Es ist übrigens gar nicht so leicht, bei technischer Produktplanung vorher genau zu sagen, was man will und welche Rang- und Wertordnungen man den einzelnen Parametern und Wünschen zuerkennen will. Will man etwa beim Motor den Brennstoffverbrauch optimieren, dann hat das Folgen für die verbleibenden relativen Optimierungsmöglichkeiten etwa der Geräusch- und Wärmeentwicklung. Das Modell kann dazu dienen, auf dem Wege des Durchspielens verschiedener Möglichkeiten herauszufinden, auf welche Weise ein vorgegebenes Ziel optimal verwirklicht werden kann.

Die Angleichung des Modells an das „Original" kann entweder den strukturell-relationalen oder den substantial-qualitativen Beschaffenheiten gelten. Bei maximaler struktureller Angleichung liegt ein sog. „isomorphes", bei voller Materialgleichheit ein sog. „isohyles" Modell vor. Vor allem im Blick auf mögliche Computerbenutzung ist der Fall besonders interessant, in dem rein strukturelle Abbildung ohne jede substantiale Angleichung die Möglichkeit zur Simulation der Auswirkungen von Änderungen einzelner Parameter bietet. Eine Original-Modell-Abbildung, in der alle Beschaffenheiten des Originals im Modell in völlig anderem Material oder in anderer Sprache ausgedrückt werden, nennt man analog; das Modell heißt Analog-Modell. Zwischen den beiden Grenzfällen des isohylen und des analogen Modells gibt es stufenweise Übergänge oder unterschiedliche Grade partieller Analogisierung (200).

Hier könnte man als ganz speziellen Grenzfall des isohylen Modells den Prototyp einer Fertigungsserie anführen, an dem weitere Veränderungen ausgeführt und im Experiment erprobt werden, das man als technisch-materialisierte Simulation betrachten kann. Da jedoch bei sehr kostenträchtigen Projekten solche Materialisierung die Kosten zu sehr in die Höhe treibt, unterbleiben diese Materialisierungen in solchen Fällen immer mehr oder werden zahlenmäßig stark reduziert und durch Computersimulationen ersetzt. Wenn das Modell die vier Postulate der Ähnlichkeit, Exaktheit, Einfachheit und Fruchtbarkeit in der prognostischen Bewährung erfüllt, kann es ein wesentliches Instrument technischer Erfindung, Konstruktion und Entwicklung und damit technischer Innovation von Produkten und Prozessen sein.

Ein spezielles Problem der Kreativität des Ingenieurs in Erfindung, Konstruktion und Entwicklung ist der Bereich der ästhetischen Qualität und der Formgebung technischer Erzeugnisse. Dieser Aspekt ist nicht nur Gegenstand einer Philosophie der Ästhetik, der Kunst und des technischen Gestaltens, sondern muß auch als Moment der individuellen und gesellschaftlichen Zielvorstellungen bei der Planung berücksichtigt werden und geht daher als einer der variablen Parameter in das Modell ein (201).

Technik und Wirtschaft

Ökonomische und politische Geltung und Macht sind für die Staaten unserer Zeit nur noch auf Grund der Nutzung technischer Potentiale zu gewinnen und zu erhalten. Die Wichtigkeit der Berücksichtigung wirtschaftlicher Aspekte im Bereich der Technik und technischer Aspekte, vor allem technischer Entwicklungsmöglichkeiten im Bereich der Wirtschaft, ergibt sich damit von selbst. An der Tatsache, daß Wechselwirkungen bestehen, kann nicht gezweifelt werden. Doch ist es nicht leicht, im Konkreten festzustellen, von welchen ökonomischen Faktoren der technische Fortschritt abhängt, was ihn beschleunigt oder verlangsamt, weshalb er sich zu bestimmten Zeiten in bestimmten Wirtschaftszweigen konzentriert. Genauso schwierig ist es vielfach, präzise festzustellen, welche ökonomischen Faktoren unmittelbar oder mittelbar durch den technischen Fortschritt beeinflußt werden.

Wenn feststeht, daß wirtschaftliches Wachstum weitgehend vom technischen Fortschritt abhängt, dann muß es im Interesse einer wachstumsorientierten Wirtschaft liegen, diesen Fortschritt zu fördern. Den von wirtschaftlichen Größen bestimmten oder von wirtschaftlichen Interessen abhängigen Fortschritt nennt man „induzierten" technischen Fortschritt, während der sich aus rein technischer Forschung und Entwicklung ohne Fremdeinfluß entwickelnde Fortschritt als „autonomer" Fortschritt bezeichnet wird.

Der technische Fortschritt kann einerseits die produzierte und damit verfügbare Gütermenge erhöhen und verändern, kann aber auch gegebenenfalls zugleich damit eine Ersparnis bei den eingesetzten Faktoren von Naturressourcen, Kapital und Arbeit bedeuten (202). Es ist nicht verwunderlich, daß man in interessierten Kreisen auf Grund solcher Überlegungen zu Formulierungen kommen konnte, die in der Technik fast ausschließlich einen Teil oder ein Mittel, ein Instrument der Wirtschaft sehen, daß sie als der „verlängerte" oder der „gesteuerte stärkste Arm der Wirtschaft" bezeichnet werden konnte (203).

Die Wirtschaft setzt dabei ihre Bemühungen darauf an, mit Hilfe der Technik und ihres Fortschritts den Aufwand für die Produktionseinheit oder Dienstleistung möglichst gering zu halten, so daß neben der reinen Produktinnovation auch der Faktor der Ersparnis an Zeit, Material und menschlicher Arbeit den Fortschritt bestimmt (204). Wenn die Technik in dieser einseitigen Weise als Instrument der Wirtschaft gesehen wird, dann kann dadurch sogar die Kraft des Erfindens und der eigentlichen Produktinnovation gehemmt werden, und der Akzent technischer Arbeit wird sich eher auf den qualitätsverändernden Teil der Produktinnovation und auf die Prozeßinnovation verlagern. Aus solcher einseitigen Schau kommt es immer wieder zu Äußerungen, die den Protest jedes selbstbewußten Ingenieurs herausrufen müssen, etwa wenn öffentlich gesagt wird: „Die kommerzielle Vernunft, der Ertrag des Unternehmens, ist daher Richtschnur für alle technischen Maßnahmen: Aber auch die Ertragsseite des Einzelunternehmens hat sich volkswirtschaftlichen und weltwirtschaftlichen Vernunftgründen und somit den volks- und weltwirtschaftlichen Sparprinzipien unterzuordnen" (205).

Ingenieure sind sich im allgemeinen der Verflechtung ihres Schaffens in wirtschaftlichen und gesellschaftlichen Rahmenbedingungen durchaus bewußt, wenn es auch vielfach ihr eigentlicher Wunsch ist, technisch Mögliches ohne solche Rücksichten zu realisieren, einfach deshalb, weil es technisch machbar ist. Aber den Ingenieur, der sich ohne Rücksicht auf finanzielle Fragen technischem Tun in Erfindung, Forschung, Entwicklung und schöpferischer Konstruktion widmen konnte, hat es auch in früheren Zeiten nur als Ausnahmefall gegeben. Wenn auch ohne Zweifel am Anfang jeder technischen Innovation die konstruktive Leistung steht, so geschieht doch die Überführung von der wissenschaftlich-theoretischen Einsicht in die Praxis der Produktion nicht ohne vorausgehende wirtschaftliche Berechnung. Den Produktionsverhältnissen unserer Zeit entsprechend lassen sich solche Wirtschaftlichkeitsberechnungen nun nicht mehr mit dem allgemeinen Empfinden und mit dem gesunden Menschenverstand anstellen. Sie müssen vielmehr streng methodisch durchgeführt werden. Aus solchen Überlegungen entstand die Wertanalyse, die als eine bestimmte Form von Nutzen-Kosten-Analysen zu verstehen ist.

Wertanalyse wird z. B. in einem Entwurf der Richtlinie VDI 2801 definiert als „eine Methode mit dem Ziel, verlangte Funktionen mit minimalem Kostenaufwand zu erfüllen. Um dieses Ziel zu erreichen, werden zu vorhandenen oder geplanten Mitteln für die Erfüllung der Funktionen systematisch alle vorstellbaren Alternativen ermittelt und überprüft sowie anschließend diejenigen ausgewählt, die dem gesteckten Kostenziel am nächsten kommen . . . Ein wesentlicher Bestandteil der Wertanalyse ist die Festsetzung eines Kostenziels, das im Idealfall dem Kostenminimum nahekommt".

Wachsendes kritisches Bewußtsein der Öffentlichkeit und bessere Einsicht in wechselweise systemimmanente und systemübergreifende Abhängigkeiten mußten sich fast zwangsläufig jenem Hauptmerkmal der Wertanalyse zuwenden, das das Kostenminimum als Ziel bestimmt. Sobald man über die unmittelbaren Kosten auch die Folgelasten in die Wertanalyse einbeziehen wollte, zeigte sich, daß neben den technischen und ökonomischen auch ökologische und gesellschaftspolitische Zielsetzungen einbezogen werden müssen. In manchen Veröffentlichungen zur Wertanalyse klingt dieses Problem an, wenn gefordert wird, daß die Funktionen der untersuchten Produkte in der vom Verbraucher geforderten Qualität erbracht werden sollen. Im endgültigen Text der Richtlinie VDI 2801 heißt es denn auch: „Die Wertanalyse ist eine Methode zur Steigerung des Unternehmenserfolgs; sie kann dementsprechend angewandt werden, um die Produktivität zu steigern, die Kosten zu senken, den Nutzen (für den Abnehmer) zu steigern, die Qualität zu verbessern und um den Verkaufswert zu erhöhen". Wenn dies im Rahmen der Wertanalyse auch zunächst im Zielzusammenhang der unternehmerischen Gewinnmaximierung geschieht, so öffnet sich damit doch zugleich ein Weg, gesellschaftspolitischen Wertsetzungen Eingang in unternehmerische Planungen zu verschaffen. Diese gesellschaftspolitischen Ziele können zur Geltung gebracht werden durch die Mechanismen des Markts, aber auch durch politischen Druck und gesetzliche Auflagen.

Aus der VDI-Richtlinie ist inzwischen die DIN 69910 erwachsen, in der das gesellschaftspolitische Moment und damit die Bedeutung außertechnischer Zielvorstellungen im sozio-ökonomisch-technischen Planungsprozeß weitere Stärkung erfahren. Hier wird gefordert, daß auch humanitäre Gesichtspunkte beachtet werden, zu denen Umweltfreundlichkeit sowie menschengerechte Herstellung und Anwendung gehören.

Bei der Anwendung der Wertanalyse „werden die Funktionen eines geplanten oder bereits gefertigten Erzeugnisses festgestellt, analysiert und für ihre technische Verwirklichung alle heute denkbaren Lösungen ermittelt und überprüft. Anschließend daran wird diejenige Lösung ausgewählt und bis zur Fertigungseinführung verfolgt, deren Kosten dem für diese Untersuchung gesetzten Kostenziel am nächsten kommen und deren Wirtschaftlichkeit gewährleistet ist" (206). Gegenstand der Wertanalyse kann das Rohmaterial, ein Einzelteil oder das vollständige technische Gerät sein. Diese Analyse wird besonders während der Entwicklungsarbeit angewandt, jedoch müssen auch bereits produzierte Güter immer wieder neu dieser Analyse unter den veränderten Bedingungen unterworfen werden. Dabei werden Hauptfunktionen, Nebenfunktionen und Zusatzfunktionen untersucht, die zugleich Gebrauchs- oder Geltungsfunktionen sind. Vom wirtschaftlichen Standpunkt aus kann dabei gelegentlich den für den Gebrauch vielleicht unnötigen Zusatzfunktionen besonderes Gewicht zukommen, da sie in sehr hohem Maße die Geltung eines Produkts bei den Abnehmern bestimmen.

Bisher wurde von der Wertanalyse im allgemeinen diejenige Lösung als die beste betrachtet, „die bei der Erfüllung der Funktionen die geringsten Kosten verursacht und der geschäftspolitischen Zielsetzung am nächsten kommt" (207); gerade diese Zielsetzung kann und muß jedoch über die wirtschaftlichen Gesichtspunkte hinaus von Kräften bestimmt werden, die etwa politischen, ökologischen oder sozialen Interessen Vorrang über den Profit einräumen.

Durch die Ausrichtung der Technik auf die Erfüllung von Wünschen und Bedürfnissen ist die Verknüpfung wirtschaftlicher und gesellschaftspolitischer Gesichtspunkte mit fast jeder technischen Arbeit gegeben, da zumindest bei Fertigung größerer Stückzahlen eben diese Wünsche und Bedürfnisse für Markt oder Wirtschaft entscheidend sind.

Aber es gibt doch auch technikimmanente Gesichtspunkte, die zwar überall berücksichtigt werden, deren Vorrangigkeit durchzusetzen jedoch äußerst selten gelingt, zumal sich leider immer noch viel zu wenige Ingenieure zu Sprechern, Interpreten und Vertretern dieser Interessen machen.

Selbst bei der Vertretung technischer Gesichtspunkte um ihrer selbst willen müssen jedoch Aspekte einbezogen werden, die unmittelbar in wirtschaftliche Bereiche hineingreifen.

Wenn z. B. eine Konstruktion aus mehreren relativ selbständigen Bauteilen oder Teilgeräten besteht, „so ist anzustreben, daß die Gesamtwertigkeit und die Wertigkeit der einzelnen Bauteile gleichmäßig hoch liegen" (208). Damit kommt aber die Gefahr auf, daß die Wertigkeit eines Produkts etwa hinsichtlich der Lebensdauer nach dem schwächsten Teil dieses Produkts ausgerichtet wird, was jedoch nur dann technisch gerechtfertigt wäre, wenn dieser Teil in besonderem Maße kostenträchtig ist, nicht jedoch, wenn er relativ billig und leicht auswechselbar und ersetzbar ist.

Die Wertanalyse ist in ihrer herkömmlichen Form primär wirtschaftlich orientiert; diesem Grundziel werden alle anderen

Aspekte untergeordnet. Ein Beispiel dafür bildet die Richtlinie VDI 2225 „Technisch-wirtschaftliches Konstruieren". Obwohl es hier doch um das Konstruieren geht, heißt es darin:

> *„Unter ‚Wert' ist das Ausmaß der Vorziehungswürdigkeit auf ein gegebenes Ziel zu verstehen, wobei dieses Ziel im Rahmen des technisch-wirtschaftlichen Konstruierens die ‚Gewinnoptimierung' ist. Im Gegensatz zur herkömmlichen Rationalisierung, bei der vor allem eine Senkung der Fertigungskosten angestrebt wird, kann eine Gewinnoptimierung auch durch zusätzliche technische, prestigeorientierte oder ästhetische Vorteile bei unter Umständen erhöhten Kosten erreicht werden. Ein Erzeugnis ist daher für ein Unternehmen um so wertvoller, je größer sein Nutzwert aus der Sicht des Abnehmers und je geringer die Herstellkosten sind".*

Die technischem Schaffen zugrundeliegenden Wünsche, Bedürfnisse, Motive und Zwecke sind zwar vielfach wirtschaftlicher oder wirtschaftsbezogener Art, doch gilt das nicht uneingeschränkt. Dem Erfinden, Konstruieren und Entwickeln liegt oft einfach das Drängen des Ingenieurs zu Grunde, zu sehen, ob etwas „geht" oder „funktioniert". So stellt *Klaus Tuchel* die Frage,

> *„ob z. B. beim Fliegen-wollen nicht den Erfindern die Realisierung eines alten Menschheitstraumes weit mehr vor Augen stand als die wirtschaftlichere Gestaltung des Transportwesens. Außerdem muß gefragt werden, ob nicht manche Erfindungen und Konstruktionen ihren Ausgangspunkt bei einem Erkenntnis- oder Spieltrieb ihrer Schöpfer nahmen, der sich zunächst noch keineswegs auf die Erfüllung bestimmter Bedürfnisse richtete – es sei denn, man betrachte den Erkenntniswillen als ein Bedürfnis des Menschen, das dann freilich nicht als wirtschaftlich zu bezeichnen wäre"* (209).

Neben den wirtschaftlichen und technikimmanenten bzw. aus Ingenieurdenken bestimmten Interessen kann es noch weitere Zwecke geben, welche die Technik und ihre Entwicklung bestimmen. So können politische, militärische oder wissenschaftliche Interessen vorrangig sein. Außerdem sind nicht nur wirtschaftliche Entscheidungen Bedingungen für technische Entscheidungen, sondern umgekehrt können auch technische Möglichkeiten Bedingungen oder Voraussetzungen wirtschaftlicher Entscheidungen werden. Es handelt sich beim Verhältnis von Technik und Wirtschaft also nicht um eine prinzipielle Unterordnung des einen Bereichs unter einen anderen, sondern um einen komplexen gegenseitigen Bedingungsprozeß (210).

Technik ist nicht – zumindest nicht nur – ein beliebig zu verwendendes Mittel, das sich von Wirtschaft und Politik – etwa in militärischem Interesse – gebrauchen oder gar mißbrauchen läßt, sondern die Technik hat aus sich selbst heraus und aus den Interessen derer, die sie gestalten und entwickeln, eigene Tendenzen und Interessen, die vornehmlich auf optimales Funktionieren ausgerichtet sind.

Dieser Gesichtspunkt der Abgrenzung zwischen Technik und Wirtschaft sollte vor allem in Lehrerbildung und Schulpraxis nicht unterschätzt werden, schafft er doch erst die Voraussetzung dafür, der Technik und dem Ingenieurberuf die sachlich nötige Anerkennung und Geltung zu verschaffen. Zugleich ist das klare Wissen darum für den Ingenieur selbst unentbehrlich, da hierin ein Moment der Emanzipation gesehen werden muß: Der Ingenieur ist nicht – zumindest muß er es nicht nur sein – Knecht im Dienste fremder Interessen, sondern er vertritt eigenständige Anliegen in der Gesellschaft, deren Leben und Umwelt er entscheidend prägt. Die Frage nach dem Verhältnis von Technik und Wirtschaft hat außerdem einen weltanschaulichen Aspekt. Es fragt sich, ob die ökonomischen Verhältnisse allein die Entwicklung bestimmen oder ob naturwissenschaftlich-technische Fortschritte Haupttriebkräfte der Entwicklung sind. Diese Frage ist für den Marxismus von besonderer Bedeutung, da vielleicht diese Fortschritte der Wissenschaft mitentscheiden über die Notwendigkeit oder Entbehrlichkeit von Revolutionen oder über die Frage, ob Widersprüche zwischen dem Entwicklungsstand von Wissenschaft und Technik und den sozialen und ökonomischen Verhältnissen revolutionäre Veränderungen hervorrufen. Je mehr sich technische und andere wissenschaftliche Fortschritte als Motoren der Entwicklung aufzeigen lassen, desto entbehrlicher wird – vereinfacht gesagt – der Klassenkampf in der Gestalt der Revolution, allerdings nicht ohne weiteres der Kampf überhaupt um die Anteile an der Produktion: Die „Revolution" erhält ein anderes Gesicht, wenn sich das Gewicht der Faktoren verschiebt, die den „gesellschaftlichen Reichtum" produzieren.

Technik und Umwelt

Das Problem des Verhältnisses von Technik und Wirtschaft hat sich in den letzten Jahren zunehmend in der konkreten Form des Umweltproblems gestellt. Die Diskussion wurde vor allem durch den Bericht des Club of Rome zur Lage der Menschheit in ein weites Publikum hineingetragen (211).

Am Massachusetts Institute of Technology ließ der Club of Rome, ein internationaler und interdisziplinärer Zusammenschluß von Wissenschaftlern, mit Unterstützung der Stiftung Volkswagenwerk eine große Untersuchung über die Lage der Menschheit und über die Aussichten ihrer Zukunftsentwicklung durchführen, die von den Arbeiten *J. W. Forresters* ausging. Dabei werden vor allem fünf wichtige Trends mit weltweiter Wirkung erforscht: die beschleunigte Industrialisierung, das schnelle Bevölkerungswachstum, die unzureichende Ernährung, die Ausbeutung der Rohstoffreserven und die Zerstörung des Lebensraumes oder der Umwelt.

Ohne Frage sind die hier vorgelegten Arbeiten keine unbezweifelbare Offenbarung; die wissenschaftliche Kritik hat deutlich gemacht, daß manche Schwäche der Untersuchung verbesserungsfähig ist. Aber es ist kein Zweifel, daß durch diese Veröffentlichung die inzwischen weltweite Diskussion darüber an Intensität gewonnen hat, was denn getan werden müsse, um uns und zukünftigen Erdenbewohnern ein lebenswertes menschenwürdiges Leben zu ermöglichen.

Die Verfasser der Studie lassen Raum für Optimismus. Es erscheint ihnen möglich, die Wachstumstendenzen zu ändern und ökologisch und wirtschaftlich einen Gleichgewichtszustand zu erreichen, der auch für die weitere Zukunft die materiellen Lebensgrundlagen für alle Menschen sichert und zugleich Freiheitsräume für individuelle menschliche Ziele offenhält oder erst schafft (212).

Als Technologen wollen diese Forscher selbstverständlich keine undifferenzierte Ablehnung oder Verteufelung der Technik und ihres Fortschritts propagieren, aber sie fallen auch nicht in den gegenteiligen Fehler, in einem unkritischen Glauben alles Heil von der Technik zu erwarten. Vielmehr braucht es zur Sicherung der menschlichen Existenz sowohl technische Fortschritte auf verschiedenen Gebieten wie auch Einrichtungen zur Kontrolle und zur Abwehr von Schädigungen und Belastungen des Lebensraumes (213). Besonderes Augenmerk wird die Forschung auf Nebenwirkungen technischer Produkte und Verfahren richten müssen. Auch die Verflechtung sozialer Veränderungen mit wirtschaftlich-technischen Entwicklungen muß möglichst prognostisch erkannt werden, damit Entscheidungen aus Sachkenntnis vollzogen werden können.

Aus der Kritik an dieser Veröffentlichung und aus der an sie anknüpfenden weltweiten Diskussion dürfte als erstes Resultat feststehen, daß Menschheit und Umwelt nicht durch ein sog. Nullwachstum eine bessere Zukunft zu erwarten haben; der Glaube an den Sinn eines Verzichts auf wirtschaftlich-technisches Wachstum dürfte als Mythos entlarvt sein (214). Aber eine Umorientierung des Wirtschaftswachstums und des Einsatzes technischer Potenziale erweist sich als notwendige Forderung.

Ein Beispiel vermag dies eindringlich deutlich zu machen: „Wenn in Mexiko das bisherige Bevölkerungswachstum unverändert beibehalten wird, dann ist der Multiplikationsfaktor in 90 Jahren 19,5 (d. h. während jetzt 50,7 Millionen Menschen in Mexiko leben, werden es in 90 Jahren 988,2 Millionen sein), während der Multiplikationsfaktor in 100 Jahren 27,1 wäre (was eine Bevölkerungszahl von 1374,6 Millionen ergäbe). Könnte man eine vollständige sichere Geburtenkontrolle sofort anwenden, so würde in 90 Jahren der Multiplikationsfaktor immerhin noch 4 sein; erst dann wäre bei einer Gesamtzahl von 202,8 Millionen Einwohnern ein stationärer Zustand erreicht, d. h. diese Zahl bliebe konstant. Daraus ergibt sich die Einsicht, daß trotz stärkerer Geburtenbeschränkung ein ungeheures Wirtschaftswachstum notwendig ist, um diese Bevölkerung ausreichend zu ernähren (zur Ernährung kommen noch die steigenden Ansprüche in Kleidung und Wohnung usw.), was allerdings zunächst noch nichts darüber aussagt, ob die bisherige Ausrichtung des Wachstums beibehalten werden kann" (215).

Es ist nun zu fragen, ob neue technische Lösungen die Tendenz des Weltsystems verändern können, auf einen Zusammenbruch hinzuwachsen. Im Weltmodell des Berichtes über die „Grenzen des Wachstums" gibt es keine variable Größe für Technik oder Technologie. Es erwies sich als zu schwierig, die dynamischen Wirkungen technologischer Entwicklungen generell zu formulieren und festzulegen, weil die Entstehung und Wirkung solcher Entwicklungen verschiedene Sektoren in unterschiedlicher Weise beeinflussen. Als solche technologische Entwicklungen werden beispielsweise die Anti-Baby-Pille, besonders ertragreiche Feldfrüchte, dann Farbfernsehen und Erdölbohrtürme in tiefen Küstengewässern genannt (216).

Doch kommt selbst durch eine Ausweitung der verfügbaren Rohstoffreserven, vor allem der Energiereserven, noch keine Änderung der Richtung zustande, zumal dadurch neue oder verstärkte Umweltbelastungen verursacht werden. Die Verfasser der Studie kommen zu dem Schluß, daß auch die optimistischsten Annahmen über weitere Leistungen der Technik den Zusammenbruch nicht verhindern, sondern nur verzögern können (217).

Es ergibt sich daraus, daß es nicht-technologische Maßnahmen sind, die entscheiden über den Fortbestand der Menschheit und ihre künftigen Lebensbedingungen. Damit aber ist das Umweltproblem ein gesellschaftspolitisches geworden, das seine Orientierungen weniger aus Technik und Wirtschaft nimmt als aus ideologischen, philosophisch-anthropologischen Vorstellungen, die auch die Politik gegenüber Wirtschaft und Technik bestimmen.

Das Exekutiv-Komitee des Club of Rome ist denn auch überzeugt, daß grundlegende Änderungen der Wert- und Zielvorstellungen der einzelnen, der gesellschaftlichen Gruppen und sogar der Weltgesellschaft erforderlich sind, damit weltweit geplante Maßnahmen die notwendigen Änderungen ermöglichen, durch die ein Gleichgewichtszustand erreicht werden kann (218).

Diese Erkenntnisse haben sich teilweise auch in Umweltprogrammen der Bundesregierung niederschlagen, in denen unter anderem erklärt wird, „daß bisher geltende Ziele und Gewohnheiten im wirtschaftlichen und sozialen Bereich kritisch überprüft werden" müssen. Dabei ist von der Erkenntnis auszugehen, daß Technik und Industrialisierung mit dem von ihnen geschaffenen Wohlstand nicht Selbstzweck sind und daß Fortschrittsdenken nicht bloß quantitativ, sondern vorrangig qualitativ orientiert sein muß (219).

Die öffentliche Diskussion, die leider zum großen Teil noch vordergründigen Einzelproblemen zugewandt bleibt, hat inzwischen zu methodischen und operationalisierbaren Forschungen geführt, welche die Verantwortung der jetzt lebenden Menschengeneration für Menschheit, Leben und Umwelt der Zukunft ernst nimmt. Ohne die öffentliche Diskussion von Umweltproblemen wäre die Entwicklung wohl noch nicht von der wirtschaftlichen und vielleicht zusätzlich sozial gesteuerten Beurteilung zu einer umfassenderen Sicht der Lage und der Zukunftsaussichten fortgeschritten. Diese Diskussion konzentriert sich heute vor allem um den Begriff des „Technology Assessment".

Unter Technology Assessment (Bewertung oder Einschätzung der Technik) verstehen wir ein Verfahren, in dem die unmittelbaren und mittelbaren sozialen, ökonomischen, politischen und ökologischen Auswirkungen einer vorhandenen oder möglichen Technik untersucht werden. „Es kann beschrieben werden als eine systematische Analyse, in der direkte und indirekte, gegenwärtige und künftige, willkommene und schädliche Aus- und Nebenwirkungen einer Technologie möglichst ausführlich bestimmt, bewertet und gemessen und zugleich die Ursache-Folge-Verhältnisse festgestellt werden" (220).

Die größte Schwierigkeit der Technikbewertung liegt darin, daß auch Werte berücksichtigt werden müssen, die nicht ohne weiteres quantifizierbar sind und die daher nur unter Schwierigkeiten mit anderen Werten verglichen und im Vergleich beurteilt werden können. Das gilt nicht nur, wenn Werte verschiedener Ordnungen – ökonomisch, technisch, sozial, politisch, ethisch – zueinander in Beziehung gesetzt werden, sondern es trifft auch innerhalb desselben Bereichs zu. So hat die Umweltproblematik verschiedene Aspekte, die sich in unterschiedlichem Ausmaß direkt oder indirekt quantifizieren lassen. Der Grad der Umweltverschmutzung, der Lärmbelästigung oder der Wasserverunreinigung läßt sich eher messen als etwa der ästhetische oder sportliche Wert eines Erholungsgebietes.

Aber auch hier gilt es, Maßstäbe zu entwickeln, die eine zumindest indirekte Meßbarkeit gestatten, so daß Vergleich und systembezogene Bewertung möglich gemacht werden. Demoskopische Untersuchungen und weitere soziologische Methoden der Erhebung von Einstellungen und Willensrichtungen müssen eingesetzt werden, um auch solche Aspkete, die man zunächst eher intuitiv einzubeziehen geneigt ist, möglichst exakt zu messen und darauf hinzuarbeiten, daß es gelingt, für alle verschiedenen Parameter einen Vergleichsnenner zu finden. Befragungen von Spezialisten werden an die Stelle demoskopischer Umfragen treten müssen, wenn es um Nachteile für die gegenwärtige Generation, aber um Vorteile und Lebenschancen für spätere Populationen geht.

Bei den bisherigen Technology Assessments hat man diesen gemeinsamen Nenner vor allem in den finanziellen Aufwendungen gesucht. So lassen sich beispielsweise auch gesundheitliche Schädigungen in dem Aufwand ausdrücken, der auf die Individuen und auf die Gesellschaft als Folgelast zukommt. Zu den Rechnungen, die der einzelne zu zahlen hat, und zu den Einkommensverlusten, die er erleidet, kommen die Aufwendungen der Gesellschaft, die etwa in Bau, Einrichtung und Unterhaltung von Krankenhäusern und in der Ausstattung mit medizinischem und pflegerischem Personal – und dessen Ausbildung – unter Einschluß der erforderlichen Verwaltung exakt berechenbare Kosten verursachen, die sich im Verhältnis zu Zeiteinheiten berechnen lassen (222).

Methoden zu entwickeln, die solche nicht unmittelbar quantifizierte Parameter möglichst exakt meßbar und damit in Assessments einfügbar machen, dürfte für die nächsten Jahre eine vordringliche Aufgabe sein (223).

Nachdem in den USA die Technikbewertung bereits institutionalisiert wurde (224), sind auch in der Bundesrepublik Initiativen aus Parlament und Exekutive bekanntgeworden, die Methoden der technischen Prozesse einschließlich der Kosten-Nutzen-Analyse einzusetzen, um die Bewertung technologischer Entwicklungen möglich zu machen. Die Institutionalisierung ist aber nicht nur eine Aufgabe der großen Politik. Vielleicht ist es noch wichtiger, diese Anliegen in den Wertanalyseabteilungen der Industrie – vor allem der Großindustrie – fest zu verankern, wozu auch gesetzgeberische Maßnahmen erforderlich sind (225).

Hierbei wird man darauf achten müssen, daß die Bewertung der Technik, vor allem bei Innovationen, in interdisziplinär ausgerichteter Gemeinschaftsarbeit geschieht, damit neben technologischen und ökonomischen auch soziale, soziologische und wertphilosophische Gesichtspunkte hinreichende Berücksichtigung finden können. Hier öffnet sich der Philosophie die Gegenwartsaufgabe, einen Beitrag zur geistigen Grundlegung politischer Aktion gegenüber einseitig pragmatischer Ausrichtung zu leisten.

Das Technology Assessment als die Abschätzung der Folgen von Technik ist wesentlich zukunftsorientiert, muß sich also auch der Methoden der Zukunftserforschung und Zukunftsplanung bedienen. Daraus ergibt sich hier die Notwendigkeit eines Hinweises auf die Futurologie, deren Forschungsproblematik ja die Zukunft des Menschen und menschlicher Umwelt bildet.

Altphilologische Puristen haben das ganz aus griechischen Elementen geformte Wort „Mellontologie" als Fachterminus für die Erforschung der Zukunft und ihre lehrende Darstellung vorgeschlagen. Doch hat sich das von *O. K. Flechtheim* geprägte Wort „Futurologie" wohl wegen seiner größeren Verständlichkeit inzwischen durchgesetzt (226).

Der Ausgangspunkt der Futurologie ist die Einsicht, daß nur die Erkenntnis der Grundstrukturen und der dynamischen Entwicklungstendenzen dieser Strukturen, deren Richtung und Geschwindigkeit wenigstens näherungsweise vorhergesehen werden können, die Ausgangsbasis für eine Zukunftsgestaltung nach freier Wahl und Entscheidung im Raum von Möglichkeit und Notwendigkeit bilden könne (227). Auch hier wird deutlich, daß Wert- und Zielvorstellungen unentbehrlich sind, wenn man überhaupt Zukunft planen und steuern will. Zukunftsforschung erfüllt ihren vollen Sinn nur, wenn sie in Zukunftsgestaltung mündet, die nicht die Grabesruhe der Ordnung eines Friedhofs zum Ziele haben kann, sondern die Ermöglichung echter Humanität – ein Begriff, dessen zunächst inhaltsleere Formalität mit Leben zu füllen nicht nur Aufgabe des philosophierenden Denkens, sondern auch weltgestaltender Ingenieurtätigkeit immer gewesen ist und bleiben wird (228).

Technik und Politik: das Technokratieproblem

Wie zwischen Technik und Wirtschaft so bestehen auch zwischen Technik und Politik Wechselwirkungen. Während jedoch in den Beziehungen zwischen Technik und Wirtschaft die Technik in der Gefahr steht, von der Ratio der Wirtschaft überwuchert zu werden, besteht diese Gefahr bei den Beziehungen zwischen Technik und Politik in der umgekehrten Richtung, daß nämlich die Politik in ihrer Eigenart von der Technik absorbiert wird und zu einem Teilgebiet technischer Betätigung wird, mit anderen Worten: Es entsteht das Problem der Technokratie.

Dieses Problem ist nicht erst in unseren Tagen akut geworden, sondern es hat seine geschichtlichen Erscheinungsformen in verschiedenen Epochen erlebt. Sogar *Platons* Idee von der Herrschaft der Philosophenkönige läßt sich „als Expertokratie der ‚Spezialisten für das Allgemeine' deuten", obwohl das natürlich die Konzeption der Technokratie oder der Fachleuteherrschaft im engeren Sinne sprengt (229).

1921 erschien das Buch des amerikanischen Ökonomen und Soziologen *Th. Veblen* „The Engineers and the Price System". Er fordert darin, daß das industrielle Gesamtsystem wie ein riesiger Konzern gedeutet und betrieben werden müsse. Darin müßten die technisch-wissenschaftliche Intelligenz und die Manager eine wesentlich erhöhte gesellschaftliche Anerkennung und die größte politische Macht gewinnen. Diese „Herrschaft der Techniker" kann man mit *H. Lenk* als „das klassische Programm der Technokratie" bezeichnen (230).

Die besondere Rolle der Manager in diesem System wurde zwanzig Jahre später von *J. Burnham* herausgearbeitet in seinem Buch „The Managerial Revolution". Die hier wie bei *Veblen* vorherrschende engere Interpretation der Technokratie versteht diese als

Herrschaft der Techniker und Ingenieure – und alle Manager sind in gewissem Sinne als „Techniker" aufzufassen. Man geht davon aus, daß nur sie als Konstrukteure und Organisatoren technischer Systeme die nötige Sachlichkeit, Objektivität und Kompetenz hätten, „um die große soziale Maschine des Staates ohne Klassen- oder Profitinteressen so zu organisieren, daß sich das öffentliche soziale Leben dem höchstmöglichen Wirkungsgrad konfliktlos annähere" (231). In der heutigen Diskussion sind diese Vorstellungen in verschiedenen Modifikationen wirksam. Man versteht etwa Technokratie als Expertokratie oder Szientokratie (Herrschaft der Wissenschaftler), als technisch organisierte Herrschaft, als Sachzwangdominanz und Herrschaft des Apparates, aber auch als technizistische Verhaltensprägung und schließlich in sehr vager und umfassender Bedeutung als Totalzustand der heutigen Gesellschaft (232).

Politik wird bei diesen Auffassungen zu einer auf sozial-physikalischen Erkenntnissen beruhenden Sozialtechnik, der auf der Metaebene der Theorie eine Sozialtechnologie entspricht (233).

Diese Auffassung der Gesellschaft als wissenschaftlich zu betreibende Maschine läßt eine Politik als eigenständige Betätigung des Menschen überflüssig werden, da ja das Ziel vorgegeben ist, nämlich Befriedigung der Bedürfnisse und Entfaltung der Fähigkeiten, und da andererseits die Erreichung dieses Zieles „nur" ein wissenschaftlich-organisatorisches Problem ist. Herrschaft in diesem System würde sich äußern als Gehorsam der Inkompetenten gegenüber sachlichen Kompetenzen verschiedener Art (234).

Technokratie bedeutet hier eine wissenschaftliche Verfahrensmethode, die das Funktionieren eines sozialen Mechanismus von kontinentaler oder globaler Größe sichern soll (235). Ähnlich wie die Studie über die „Grenzen des Wachstums" machten die amerikanischen Technokraten bereits in den dreißiger Jahren auf die Endlichkeit der Rohstoffquellen und die Notwendigkeit optimaler Planung und Kontrolle aufmerksam (236).

Auch in Deutschland hat es vor allem in Vereinen von Ingenieur- und Naturwissenschaftlern – soweit sie sich mit Gesellschafts- und

Politikproblemen befaßten – Vertreter technokratischer Thesen gegeben.

Die noch immer aktuelle Diskussion wurde in Deutschland eröffnet durch den Vortrag von *H. Schelsky* „Der Mensch in der wissenschaftlichen Zivilisation", in dem er das Modell eines „technischen Staates" vorstellt (237). *Schelsky* vertritt die These, daß sich im Gefolge der zunehmenden Verwissenschaftlichung und Technisierung unseres Lebens auch das Verhältnis von Mensch und Welt wandelt (238). Die Frage, ob Sachzwänge die Gestaltung des menschlichen Zusammenlebens bestimmen oder ob Freiräume für politische Entscheidungen bleiben, sieht er mit dem Übergreifen der prinzipiellen Rechenhaftigkeit auf die großen politischen und ökonomischen Entscheidungen gestellt, wodurch die „fälligen Entscheidungen mehr und mehr zu Deduktionen aus technisch aufbereiteten Daten werden" (239).

Im Anschluß an *J. Ellul* sieht *Schelsky* drei große Anwendungsgebiete der Technik:

- die Techniken der Produktion, der Erzeugung sachhafter Güter;
- die Techniken der Organisation, die Methoden der Regelung sozialer Beziehungen;
- die Humantechniken, deren Ziel die Veränderung, Beherrschung und Erzeugung des seelischen und geistigen Innenlebens des Menschen ist (240).

Alle moderne Technik beruht auf dem Methodenspiel von Analyse und Synthese; die durch analytische Zerlegung von Gegenständen und Handlungen gewonnenen Elemente werden nach dem Prinzip der höchsten Wirksamkeit neu zusammengesetzt. Diese Analyse wird so weit getrieben, daß die Zerlegung über die in der Natur vorfindbaren Elemente hinaus weitergeführt wird; in dieser modernen Form ist Technik nicht mehr Organverlängerung des Menschen, sondern auf dem Umweg über den Kopf des Menschen erzeugte neue Realität (241).

Schelsky sieht die technische Welt im wesentlichen als Konstruktion des Menschen selbst, der schließlich nicht nur Subjekt, sondern auch Objekt seines Konstruierens ist (242). Hierfür beruft er sich auf *Kant,* der für ihn immer mehr „als der ursprüngliche Philosoph der modernen Technik" hervortritt, weil er die entscheidende Wahrheit der Neuzeit erkannt hat, „daß wir erkennen, weil wir konstruieren" (243).

Wie sehr der Mensch selbst zum Objekt der Konstruktion geworden ist, wird ersichtlich daraus, daß jeder neue technische Gegenstand auch neue psychische und soziale Tatbestände schafft, die von den Organisations- und Humantechniken beherrscht werden müssen. Das ursprüngliche Mittel, welches das technische Produkt war, zwingt nun neue Ziele auf, so daß es immer schwieriger wird, das Ganze der immer universaler werdenden Technik zu steuern (244). Nach diesen Vorüberlegungen kommt *Schelsky* zu seiner Hauptthese, die wiederum die Grundlage bildet für seine modellhafte Darstellung des reinen „technischen Staates":

> *„Wir behaupten nun, daß durch die Konstruktion der wissenschaftlich-technischen Zivilisation ein neues Grundverhältnis von Mensch zu Mensch geschaffen wird, in welchem das Herrschaftsverhältnis seine alte persönliche Beziehung der Macht von Personen über Personen verliert, an die Stelle der politischen Normen und Gesetze aber Sachgesetzlichkeiten der wissenschaftlich-technischen Zivilisation treten, die nicht als politische Entscheidungen setzbar und als Gesinnungs- oder Weltanschauungsnormen nicht verstehbar sind. Damit verliert auch die Idee der Demokratie sozusagen ihre klassische Substanz: an die Stelle eines politischen Volkswillens tritt die Sachgesetzlichkeit, die der Mensch als Wissenschaft und Arbeit selbst produziert"* (245).

Zur Verdeutlichung dieser These weist *Schelsky* darauf hin, daß „aus technischen, sozialen und politischen Gründen die moderne Technik in ihren Hochleistungsformen immer mehr staatlich" wird, „der Staat dadurch aber seinerseits immer mehr ‚technischer Staat' wird" (246).

Das hat vor allem drei Gründe:

- die Notwendigkeit des Staates, zur Erhaltung seines Machtmonopols die neuen technischen Machtmittel entweder bei sich zu konzentrieren oder entscheidend zu kontrollieren;
- die finanziellen Aufwendungen für die Entwicklung der modernen Technik übersteigen die Möglichkeiten des Privatkapitalismus;
- die Notwendigkeit, die Planung und Koordinierung der technischen Möglichkeiten einer Gesellschaft dem Staat zu überlassen, weil ohne diese Planung und Koordination „das Funktionieren der in allen Lebensgebieten eng ineinandergreifenden Formen der modernen Technik gar nicht mehr möglich wäre" (247).

Der Staat wird auf diese Weise „ein universaler technischer Körper", der „seine staatliche Effizienz nicht zuletzt in der Perfektionierung der technischen Möglichkeiten der Gesellschaft" beweist (248). *Schelsky* ist sich durchaus bewußt, daß seine modellhafte Darstellung des reinen „technischen Staates" nicht die Wirklichkeit unseres gegenwärtigen Staates getreu widerspiegelt, aber er glaubt doch, damit Strukturen und Entwicklungstendenzen darzustellen (249).

Ein solcher Staat muß sich die höchste Wirksamkeit der verfügbaren technischen Mittel sichern und muß zugleich alles versuchen, die Verfügung über diese Mittel an sich zu binden (250). Der Staatsmann oder Politiker dieses Staates strebt nach höchster Leistungsfähigkeit in der Organisation dieses technischen Körpers, der ein Ertragsoptimum abwerfen soll. Ein solcher „Staatsmann" ist daher gar nicht „Entscheidender" oder „Herrschender", sondern Analytiker, Konstrukteur, Planender, Verwirklichender. Politik im Sinne der normativen Willensbildung fällt aus diesem Raume prinzipiell heraus, sie sinkt auf den Rang eines Hilfsmittels für Unvollkommenheiten des „technischen Staates" herab (251). Eigentlich herrscht in diesem Staat niemand mehr, sondern es wird sachgemäß eine Apparatur bedient; der Staat verliert seinen politischen Charakter, den Politikern verbleibt nur die Fiktion der Entscheidungstätigkeit (252).

Je mehr nun die technisch-wissenschaftliche Sachlichkeit das Funktionieren des Staates bestimmt, desto mehr wird nach *Schelsky* die klassische Auffassung der Demokratie als eines Gemeinwesens, dessen Politik vom Volkswillen abhängt, zu einer Illusion. Der technische Staat entzieht der Demokratie ihre Substanz, weil technisch-wissenschaftliche Schlußfolgerungen keiner demokratischen Willensbildung unterliegen können. Vielfach sind zudem die Sachverhalte, die es zu entscheiden gilt, gar nicht mehr von einer vernünftigen Urteilsbildung des normalen Menschenverstandes oder einer normalen Lebenserfahrung her angemessen intellektuell zu bewältigen, so daß immer mehr Information und Wissen erforderlich sind, die nur mehr wissenschaftlich zu verarbeiten sind, über die aber kaum mehr politisch entschieden werden kann (253). Auf diese Einsicht kann *Schelsky* seine Version der Konvergenztheorie gründen – der Meinung, daß die auf unterschiedlichste Ideologien gegründeten Systeme sich einander zunehmend angleichen. Er ist überzeugt, daß die steigende Anwendung von Wissenschaft und Technik unabhängig von den Weltanschauungen der Umwelt den gleichen technischen Staat entstehen lassen, in dem nicht Herrschaft über Personen ausgeübt wird, sondern allein Verwaltung von Sachen und Organisation von komplexen sozio-ökonomisch-technischen Prozessen übrig bleibt (254).
Schelsky will die Menschen davor warnen, sich in ihre eigene Konstruktion zu verlieren, da er hierin den Verzicht auf die Möglichkeit menschlicher Lebensgestaltung sieht (255). Er hält daher eine Rückkehr zur philosophischen, sogar zur eigentlichen metaphysischen Besinnung für notwendig, da nur so der Mensch den Entwicklungsprozessen und der fortschreitenden Konstruktion seiner selbst geistig voraus sein kann und eine Chance findet, den Prozeß der Entwicklung seiner selbst und der Welt zu steuern (256).

Die Diskussion, zu der *Schelsky* nicht nur den Anlaß gab, sondern die er durch spätere Beiträge selbst weitergeführt hat, ist noch immer nicht abgeschlossen. Da sie dauernd gegenwärtige Möglichkeiten von Ordnung oder Verderb unserer Gesellschaft aufzeigt, wird sie in allen Gesellschaften ständig aktuell bleiben, die von Wissenschaft und Technik geprägt sind. Hier sollte jedoch kritisch vor allem auf einen Gesichtspunkt hingewiesen werden, den *D. Senghaas* mit Vehemenz vertreten hat. Alle Sachgesetzlichkeiten der Technik, die gesellschaftliches Produkt ist, sind Produkt des Menschen und bleiben es. Bei allen vorgeblichen Sachzwängen ist daher immer wieder das Bemühen gefordert, diese als interessenabhängige Forderungen und Ansprüche zu entlarven, die sich der politischen Diskussion zu entziehen suchen, indem sie sich verbergen hinter dem Schein der Notwendigkeit und Unausweichlichkeit (257).

Schelsky selbst sieht zwei grundsätzliche Möglichkeiten der Vermeidung des technischen Staates oder der Sicherung der Freiheit des Individuums und der freien politischen Gestaltung der Gesellschaftsordnung. Es gibt die Möglichkeit, die Demokratie radikaler aufzufassen und auch im Konkreten alle Willensbildung vom Volke ausgehen zu lassen. Doch bieten gerade die modernen Organisations- und Manipulationstechniken ungeahnte Möglichkeiten, jede Demokratisierung zu Fiktion und Farce werden zu lassen, so daß unter dem Schein der Freiheit die Gefahr des Freiheitsverlusts noch verstärkt wird. Eine andere Gefahr größerer Demokratisierung sieht *Schelsky* darin, daß mit ihr weniger Rationalität die Entscheidungen bestimmt. Mehr Demokratie bedeutet für ihn zunehmende Politisierung aller Bereiche, die schließlich in zentralistisch-totalitäre Macht mündet (258).

Schelsky plädiert für eine zweite grundsätzliche Lösung, nämlich für die Aufteilung der Herrschaft auf verhältnismäßig unabhängige Institutionen, die sich wechselseitig kontrollieren und so das Individuum schützen, da sie es nicht der Konzentration der Macht in einer einzigen Institution aussetzen.

Meine eigene Sympathie für strikte Gewaltenteilung und wechselweise Kontrolle aller Instanzen möchte ich hier zwar durchaus zum Ausdruck bringen, meine aber, daß nicht nur jeder Gewaltenbereich selbst demokratisch kontrolliert werden muß, sondern daß totale Verwaltung und Verplanung nur vermieden werden können, wenn größtmögliche Transparenz aller politischen Entscheidungen jeden mündigen Bürger zu möglichst großer Beteiligung an allen gesellschaftlichen Entscheidungen befähigt. Eine besondere Rolle kommt hier allen nichtstaatlichen Organisationen zu, die nicht nur sachverständige Berater, sondern auch fordernde Mitgestalter der Umwelt und der Gesellschaftsordnung sein müssen.

Kein funktionierendes Gemeinwesen kann in der Fortentwicklung unserer wesentlich von Wissenschaften und Technik bestimmten Lebenswelt des differenzierten Sachverstandes entraten, der jedoch nicht zur Tarnung von Macht- und Interessenansprüchen mißbraucht werden darf und somit nur informatorischen, nicht entscheidenden Wert haben kann. Demokratische Partizipation an Entscheidungsprozessen auf Grund möglichst großer Informationsbasis sollte institutionell gesichert und gefördert werden. Zureichende Information soll willkürliche oder ausschließlich ideologische Entscheidungen verhindern, um sachlich begründeten Planungen zur Realisierung zu verhelfen, die auf Entscheidungen über das Alternativen bietende Potential beruhen, das für technisches Machen zur Verfügung steht (259). Solche demokratische Partizipation an den Meinungsbildungs- und Entscheidungsprozessen der Institutionen und des Staatsganzen verlangen aber nicht nur Information über die Möglichkeiten von Wissenschaft und Technik, sondern auch über soziale, ethische und psychische Probleme, so daß hier die Forderung von *H. Lenk* ihre Aktualität gewinnt, nach der bei politischen Planungen und Entscheidungen auch Philosophen, Soziologen, Humanwissenschaftler, Verhaltensforscher und Psychologen mitzuwirken haben (260).

In der Einstellung der Ingenieure zu Staat und Politik hat sich sicherlich als Resultat der geschichtlichen Erlebnisse und der theoretischen Diskussion eine Wandlung vollzogen. Die reine Technokratie als entscheidende Bestimmung oder gar Herrschaft durch Wissenschaft und Technik bleibt sicher eine Versuchung: der Staat als die optimal funktionierende Maschine. Doch das ist nicht mehr als eine Versuchung, da sofort die Einsicht gegeben ist, daß niemand – auch nicht der Wissenschaftler und Ingenieur als Organisator der großen Maschinerie – außerhalb des Systems stehen könnte. Reine unpolitische Sachlichkeit, die nur Können und Resultate des Könnens den jeweiligen Machthabern zur Verfügung stellt, hat die Vertreter von Wissenschaft und Technik in der Vergangenheit nur zu oft objektiv böses Unheil mitverschulden lassen. Politische Uninteressiertheit muß fast notwendig politischen Interessen dienstbar werden (261).

Technik und Politik sind keine Gegensätze mehr. Jede Praxis ist mit Politik verbunden (262). Diese Einsicht ist nach dem Zweiten Weltkrieg nicht nur bei einzelnen Ingenieuren, sondern auch bei den organisatorischen Vertretungen dieser Berufsgruppe immer allgemeiner geworden (263). Es muß als eines der wichtigsten Anliegen unserer Zeit bewußt werden, daß die technisch-instrumentelle Vernunft anthropologisch-gesellschaftlicher Kritik unterliegt, daß die menschliche Gesellschaft gerade in der Bewältigung ihres technischen Könnenspotentials ihre geschichtliche Identität gewinnt, so daß der Konsens handelnder und miteinander verhandelnder Bürger die Entwicklung in Technik, Wirtschaft und Gesellschaft bestimmt (264).

Technik und Ethik

Das Verhältnis von Technik und Ethik stellt sich uns in zweifacher Gestalt. Eine erste Ausprägung erfährt die Problematik in der Frage nach dem sittlichen Handeln, nach der Verantwortung derer, die Technik schaffen und betreiben, in der Verantwortung der Wissenschaftler und Ingenieure für die Technik, deren Urheber sie in solchem Maße sind, daß es diese Technik ohne sie nicht gäbe. Diese Verantwortung selbst ist eine doppelte, eine sachbezogene Verantwortung für „gute", zuverlässige Produktion und Funktion und eine gesellschaftsbezogene Verantwortung für die Wirkungen der zu verantwortenden Technik. Die zweite Ausprägung der Problematik von Technik und Ethik ist die allgemeine in der Frage nach Sittlichkeit in dieser technikbestimmten Zeit. Hier werden die Maßstäbe für die ethische Haltung der Wissenschaftler und Ingenieure zu gewinnen sein. Doch sollen vorab einige Thesen zur besonderen Verantwortung der Ingenieure und anwendungsorientierten Wissenschaftler zur Diskussion gestellt werden, die sich aus der bisherigen Erkenntnis über technisches Schaffen ergeben (265).

- Die erste Verantwortung trägt der Ingenieur – und jeder an Produktion von Technik Beteiligte – für sachgerechte Arbeit und für optimales, zuverlässig-sicheres Funktionieren. Diese Verantwortung kann ihm niemand jemals abnehmen. Sie ist immer zu tragen und kann durch nichts ersetzt werden.
- Weil die Technik keinen absoluten Sachzwängen unterliegt, trägt der Ingenieur als Mitgestalter unserer von Technik und Naturwissenschaften geprägten Welt grundsätzlich Verantwortung für sein Handeln und für die Ergebnisse des Handelns. Wenn andere Personen oder Personengruppen Entscheidungsträger sind, liegt beim Wissenden die Verantwortung für zureichende Information der Entscheidungsträger.

- Der Ingenieur muß die Technik ohne Einschränkung in den Dienst der Humanisierung des Daseins und in den Dienst friedlichen Zusammenlebens in der Welt stellen. Er muß daher neben technischen auch allgemeine gesellschaftliche Gesichtspunkte berücksichtigen und wirkungsvoll zur Geltung kommen lassen. Zu seiner Verantwortung gehört daher auch über die technische Sachbezogenheit hinausreichende Information und kritisches Urteil.
- Die unmittelbare Verantwortung reicht grundsätzlich so weit wie die Handlungsmacht reicht (266).
- Instanzen, die zur Verantwortung ziehen, sind die Gemeinschaft der Fachleute, die Anwälte der sachlichen „Güte" sind, sodann aber auch die gesellschaftlichen Instanzen, die über die Qualität im humanen Bezug zu befinden haben.
- Dem als abhängiger Arbeitnehmer tätigen Ingenieur ist es wie anderen Abhängigen vor allem aus sozialen Gründen oft nicht möglich, eine klar erkannte Verantwortung auch nach außen zu übernehmen und zu vertreten. Hier muß einmal die Öffentlichkeit durch ihre kritischen Sprecher dem Guten und Rechten den Weg bereiten, aber auch die Technikproduzenten, vor allem diejenigen, welche als Wissenschaftler und Ingenieure überhaupt erst die Voraussetzung für Technikproduktion schaffen, müssen sich zusammenschließen, um als gesellschaftliche Kraft wirkungsvoll die Interessen der Berufsgruppe vertreten zu können. Dazu gehört auch die Formulierung von Verhaltensnormen und in manchen Fällen der Einsatz für eine gesetzliche Regelung und Absicherung, damit nicht die Angst vor einer ungesicherten Zukunft das verantwortliche Handeln erschwert oder unmöglich macht. Diese Aufgabe übernehmen die Organisationen von Naturwissenschaftlern und Ingenieuren in den letzten Jahren immer ausdrücklicher im Bewußtsein ihrer über das fachliche Interesse ihrer Berufsgruppe hinausreichenden Verantwortung (267).

Die Problematik von Technik und Ethik im Industriezeitalter reicht jedoch über die Fragen einer Berufs- und Standesethik weit hinaus; sie stellt sich als Frage nach Möglichkeiten, Bedingungen und Forderungen einer Ethik in der von Naturwissenschaften und Technik geprägten Welt (268).

Weil die gegenwärtige Welt durch das Eingreifen der menschlichen Freiheit gestaltet ist aus der dem Menschen zuhandenen Natur, weil also unsere geschichtliche Umwelt technisch geprägt ist, darum ist menschliches Verhalten als menschliches nicht ohne Integration und Bewältigung des Phänomens Technik möglich, da zur Erkenntnis und zur Verwirklichung wahren Menschseins immer das Wissen hinzugehört, daß der Mensch unter Mitmenschen in einer sowohl vorgegebenen wie auch von Menschen gestalteten Welt lebt. Wenn die Philosophie des Mittelalters davon sprach, daß der Mensch den Willen Gottes aus der Natur entnehmen oder ablesen könne, in die Gottes Schöpferweisheit diesen Willen hineingelegt habe, dann ist eine solche Aussage heute nicht viel mehr als eine Leerform; denn diese gottgeschaffene „Natur" gibt es weithin bereits nicht mehr – und was von ihr geblieben ist, wird immer weniger, selbst der Mensch ist nicht mehr bloße Natur. Was der Mensch ist, wird immer mehr Menschenwerk.

Wenn der Mensch sich seine Welt immer stärker schafft, schafft er sich dann nicht auch selbst die Normen seines Handelns? Schafft er sich Normen durch Absprache mit seinesgleichen? Oder schreibt er durch seine Weltgestaltung Normen in die Dinge ein, die er dann als selbstgeschaffenes „Naturrecht" daraus ablesen kann und muß?

Welche Ethik wir als maßgebend betrachten, das hängt wesentlich von unserem Menschenbild ab. Wenn eine Ethik auf einer Anthropologie aufbaut, die unmittelbar vom Glauben an einen Schöpfer und eine Offenbarung bestimmt ist, dann ist sie anders geprägt als die Ethik auf der Grundlage einer Anthropologie, die den Menschen weitgehend als vom Menschen Machbares ansieht. Das aber ist die Situation heute, die sofort deutlich wird, wenn wir uns die gewaltigen Möglichkeiten der Manipulation am Menschen vor Augen halten, welche die moderne Wissenschaft zu unserer Verfügung stellt. Neben die Techniken der materiellen Produktion sind mit ständig wachsender Bedeutung in unserer Zeit die Organisations- und Humantechniken getreten.

Es ist unbestreitbar, daß sich an den naturwissenschaftlich-technischen Fortschritt große Hoffnungen geknüpft haben und noch immer knüpfen. Dieser Fortschritt hat sogar die Vorstellungen der Menschheit von ihrer eigenen Zukunft in ständigem Wandel immer wieder geprägt, hat der Menschheit gezeigt, welche Möglichkeiten und Hoffnungen vor ihr liegen. Im 19. Jahrhundert hat diese Hoffnung auf den Fortschritt von Naturwissenschaften und Technik vielfach sogar den Platz der nicht mehr in alter Sinnfülle erlebten Religionen eingenommen, die einer wachsenden Säkularisierung immer mehr Raum geben mußten.

Aber angesichts mancher naturwissenschaftlichen Erkenntnis und mancher technischen Leistung wollte nicht das Glücksgefühl aufkommen, das den Mut zu neuem Fortschreiten gibt. Vielmehr legte sich immer stärker lähmendes Unbehagen auf die Menschen angesichts neuer Errungenschaften – und das nicht erst in unseren Tagen. Schon der alte Menschheitsmythos von Prometheus spielt um das in verschiedenen historischen Abwandlungen wiederkehrende Thema der Spannung zwischen menschlichem Können und Dürfen. Zuviel-Wollen oder Hybris führen in der religiösen Vorstellungswelt der Antike zur Bestrafung durch die Götter.

In den Jahren nach dem letzten Weltkrieg – verstärkt durch die Eindrücke von den jüngsten Kämpfen in Afrika und Asien – wuchs sich die in Erfahrung begründete Angst vor der immer verderblicheren Kriegstechnik zu der Sorge aus, daß aus dem naturwissenschaftlich-technischen Fortschritt letzten Endes eine Gefahr für das menschliche Leben entstehen müsse. Gesellschaftspolitische Forderungen unserer Tage – Verhütung von Umweltschädigungen, Umweltplanung, soziale Sicherung – und Theorien politischer Philosophie etwa als Ergebnisse der Technokratiediskussion haben zu einer neuen Kulturkritik geführt, die das Unbehagen an der Technik weckt und die Menschen voll Enttäuschung, Angst und Sorge in die Zukunft schauen läßt. Zugleich stellt die

Menschheit fest, daß sie kein allgemeines Weltbild besitzt, das alle unter gemeinsamen Wertvorstellungen verbinden könnte.

Es kann also keine Rede davon sein, daß technischer Fortschritt nur unbändigen Optimismus bewirkt; er kann sogar zu Kulturpessimismus führen, wenn keine Einigkeit über seine Richtgröße, über die Zielvorstellungen besteht, die ihn treiben. Die Frage nach Zielvorstellungen ist aber die Frage nach dem Spielraum der menschlichen Freiheit und Vernunft, nach der Verantwortung des einzelnen und der Gesellschaft, ist die Frage nach den Lebensmöglichkeiten in menschlicher Gemeinschaft zu dieser Zeit und damit die Frage nach den ethischen Werten im Fortschritt von Naturwissenschaften und Technik.

Der entscheidende Rang der Zielvorstellungen ergibt sich auch aus unserer Vorstellung von Technik, die nicht primär auf die Erkenntnis, sondern auf Praxis und Funktionieren gerichtet ist; wir sahen ja die Einheitlichkeit der Technik als Wissenschaft und Praxis eben durch diesen Aspekt des Machens als gemeinsamen Bezug in aller Verschiedenheit gewährleistet. Alle Technik verstehen wir als Mittel zu Zwecken oder Zielen. Ob wir in der Technik mehr die Struktur der materiellen Dinge sehen, die als Technostruktur vom Menschen gemacht sind und vielleicht wiederum instrumentell weiterem Machen dienen können, ob wir die Vielfalt technischer Verfahren oder die theoretische Lehre der Technikwissenschaften bedenken, ob wir die Technik mehr als Produktionstechnik oder als Organisationstechnik und als Humantechnik sehen: Immer stellen wir fest, daß es Technik nicht um ihrer selbst willen gibt. Welche Gestalt die Technik in einer Gesellschaft nimmt und welche Auswirkungen sie zeigt, das hängt daher weitgehend von den Ziel- und Zweckbestimmungen ab, nach denen sie ausgerichtet wird.

Auf Ziele und Zwecke aber ist die Arbeit der Ethik als Wissenschaft gerichtet, die sich auch um sittliche Wertungen, Gebote, Verbote, Normen, Verhaltensweisen und Tugenden bemüht. Philosophische Ethik setzt dabei aber nicht einfach Regeln und Normen fest, sondern fragt zugleich nach deren Begründung und

Sinn. Vor allem im Blick auf das Problem der historischen Veränderlichkeit oder Unveränderlichkeit der ethischen Wertvorstellungen ist hier gewiß nicht ohne Bedeutung, daß der griechische Ursprung des Wortes „Ethik" neben der Sittlichkeit und dem sittlichen Verhalten auch den gewohnten Aufenthalt, die Heimat meint und zugleich deren Gewohnheiten, Sitten und Bräuche.

Die Frage nach den Wertvorstellungen und Lebensrichtlinien hat sich durch die Erschütterungen unserer Zeit besonders deutlich gestellt. In den Diskussionen etwa um Schwangerschaftsabbruch, Sterbehilfe, Gehirn- und Genchirurgie kann niemand mehr naiv-unbefangen sprechen, seit die Praktiken des Hitlerreiches allgemein bekannt sind. In Kreisen der Naturwissenschaftler und Ingenieure hat besonders der zerstörerische Einsatz der atomaren Kräfte am Ende des zweiten Weltkrieges zu einer Neubesinnung geführt. Daraus entstanden unter anderem die weltweite „Society for Social Responsibility in Science", die „Gesellschaft für Verantwortung in der Wissenschaft" und die „Vereinigung Deutscher Wissenschaftler". Es wurde allen deutlich, daß nicht alles gemacht werden darf, was gemacht werden kann. Das „Warum" oder „Warum nicht" dieses Problems zwang zur Besinnung über die Ziele und den Sinn des menschlichen Lebens im individuellen und sozialen Horizont.

Die Verweisung auf ethische Werte, die in unserer Definition von Technik zum Ausdruck kommt, sollte zentrales Element des Selbstverständnisses aller Technikschaffenden sein, die ihren konstruktiven Beitrag zur Weltgestaltung leisten, indem sie Gegenstände und Verfahren als Mittel zur Erfüllung individueller und gesellschaftlicher Wünsche und Bedürfnisse zur Verfügung stellen. Der Erfüllung individueller und gesellschaftlicher Bedürfnisse dienen das Suchen und Finden der neuen mit Hilfe der Technik nutzbaren Wege und Mittel zur Ernährung, zum Wohnen, zur Arbeit, für Gesundheit und Bildung. Dem gleichen Ziel gewidmet ist der Dienst der Technik in Katastrophenhilfe und Entwicklungsarbeit. Zusammen mit Dienst und Hilfe, die technischer Fortschritt im Gefolge naturwissenschaftlicher Erkenntnisse leisten kann, erweist sich die Technik als eine neue Sozialisierungskraft. Die Gemeinschaft der Technik und die wechselweisen Abhängigkeiten in ihrem Gefolge verstärken die Gemeinschaft der Völker und haben erst in unserem Jahrhundert zu einer Welt geführt, die noch immer mehr ein Ganzes wird.

Wenn Philosophie Begreifen der Wirklichkeit sein will, dann kann Ethik nicht an dem vorbeigehen, worin der Fortschritt von Naturwissenschaften und Technik die Gegenwart geprägt hat, sofern nicht diese Ethik voluntaristisch Ziele und Werte festzulegen sich anmaßt. Gegenüber den Einseitigkeiten eines ausschließlichen Biblizismus oder eines ausschließlichen Positivismus, gegenüber den nicht immer ganzheitlich realitätsnahen Aussagen phänomenologischer oder existentialistischer Richtung macht sich gerade von Naturwissenschaften und Technik her auch in der Philosophie ein neues Bemühen um die Wirklichkeit des Konkreten bemerkbar, das auch in der Forderung nach einer neuen Ethik sich ausdrückt. Es ist in heute erlebtem Umfang durchaus ein neues Ereignis, daß sich gerade Kreise von Naturwissenschaftlern und Ingenieuren aus dem Tun ihrer Wissenschaften und aus dem Wissen um die Möglichkeiten und Auswirkungen im Gefolge wissenschaftlicher Erkenntnisse zur Mitarbeit an der Festlegung von Zielen und Entwicklungsrichtungen aufgerufen wissen. Diese Berufsgruppen wollen trotz häufig erklärter konservativer Grundhaltung nicht das einmal Vorhandene in Auslegungen von historisch festgeschriebenen Gesetzmäßigkeiten bewahren, sondern sie entwickeln ein auf gesamtgesellschaftliche Optimierung ausgerichtetes Bewußtsein. Es entspricht den Erfahrungen ihrer wissenschaftlichen Arbeit, wenn sie zwar nicht unbedingt Systemerhaltung und Systemstabilisierung erreichen wollen, aber doch Fortschritte eher von Evolutionen als von Revolutionen erwarten. Was bisher praktisch erfolgreich war, mag wohl verbessert oder besser erklärt und begründet werden, aber es muß selbst dann nicht radikal entfernt werden, sondern kann in ein Besseres integriert werden. Es scheint, daß dieses auch zunehmend politische Überzeugung weiter Bevölkerungskreise wird, die nicht Systemänderung, sondern Systemverbesserung für erstrebenswert halten.

Vielerlei Menschheitswünsche lassen sich verwirklichen, wenn die Menschheit ernsthaft den Willen hat. Der technische Fortschritt bietet z. B. die Möglichkeit, ausreichende Wohnung und Nahrung, angenehmes Mikro- und Makroklima, zureichende Information und Kommunikation, bequemen und schnellen Transport für alle Menschen zur Verfügung zu stellen. Das Problem liegt in der Harmonisierung und Koordinierung der Willenstendenzen im Pluralismus der Meinungen und Interessen.

Damit ist die Aufgabe gestellt, diese Menschheitsziele in der Ordnung eines Systems zusammenzufassen, das eine sittliche Ordnung darstellt. Nur so hat auch die Gesellschaft die Entscheidungsmöglichkeit darüber, welche technischen Fortschritte Wirklichkeit werden sollen, nur so kann die Gesellschaft begründetermaßen Prioritätsfestsetzungen treffen. Oberstes Menschheitsziel, das sich in individuellen wie gruppengebundenen Wertvorstellungen immer wieder aufweisen läßt, ist das Ideal der Humanität, wobei auch dieser Begriff zunächst nicht viel mehr als eine Leerform ist, die inhaltlich negativ und positiv festgelegt oder gefüllt werden muß. Negativ gefaßt bedeutet das Ideal der Humanität eine menschliche Welt, deren Ordnung möglichst wenig Gewalt, möglichst wenig Not und möglichst wenig Beschränkung der Freiheit erfordert. Positiv gefüllt gehören dazu Begriffe wie Freiheit, Frieden, Gerechtigkeit, Gleichberechtigung, Chancengleichheit, Gesundheit, Schutz des Lebens, Sicherung der Ernährung, Erleichterung der Arbeit usw. (269).

Als weitere Menschheitsziele unterschiedlicher Reichweite lassen sich – ohne Wertung in der Reihenfolge – aufführen: Schutz der Privatsphäre, Fortbestand der Menschheit in einer lebenswerten Umwelt, die eine bestimmte Qualität des Lebens – vielleicht unter Verzicht auf eine beliebige Quantität ?! – gewährleistet, Gleichgewicht zwischen den sozialen und egoistischen Zielen in einem garantierten Freiheitsraum, Meisterung der Natur und Unabhängigkeit von ihren Gewalten.

Solche Wert- oder Zielvorstellungen der Menschheit lassen sich in vielfachen Abwandlungen schon seit langen Zeiten aufweisen;

doch ist das inhaltliche Verständnis immer wieder geändert worden, wie es etwa deutlich wird am Beispiel des Rechtes auf Freiheit, das unterschiedliche Prägung fand in der griechisch-römischen Welt, im Christentum, im preußischen Recht vor den Steinschen Reformen, im Marxismus und in der Demokratie unter kapitalistischen Herrschaftsverhältnissen.

Der Wunsch nach verbindlicher Festlegung von Menschheitszielen geht immer von Voraussetzungen aus, die oft nicht deutlich artikuliert werden. Eine solche Voraussetzung ist etwa der Überlebenswille des einzelnen oder die Einsicht in die Werthaftigkeit einer fortbestehenden Menschheit. Allen, die sich in einer solchen Voraussetzung einig wissen, erweisen sich Möglichkeit und Notwendigkeit der einmütigen Festlegung auf Grundziele und auf einige Wege zu diesen Zielen. Es dürfte aber ohne Diskussion feststehen, daß heute kein Wertsystem vorhanden ist, das sich als Ganzes durchzusetzen imstande wäre; das gilt gleichermaßen von den großen Weltreligionen wie von säkularen Wertsystemen. Damit sind nicht Sinn und Aufgaben solcher Wertsysteme geleugnet, sondern ihnen ist ein anderer Ort zugewiesen, der vornehmlich davon bestimmt ist, daß solche Systeme verstärkte Motivationen und Bindungskräfte für die von der Gesellschaft angenommenen Wertsysteme bieten und zugleich den Kanon der Werte durch Vertiefung der Forderungen ausweiten.

Für die Weltgesellschaft der Gegenwart ergibt sich somit zunächst die Notwendigkeit, neue Systeme aufzubauen, die den Grundlagen der heutigen naturwissenschaftlich-technischen Weltkultur am ehesten entsprechen. Unsere gegenwärtige Kultur ist weithin aus dem Prinzip der entwerfenden Rationalität entstanden, wie vor allem *K. Popper* und *H. Albert* zeigen. Im Rahmen dieser Kultur liegt es nahe, die historisch als wandelbar erlebten Werte und Wertordnungen als Konstruktionen zu verstehen, die grundsätzlich naturwissenschaftlich-technischen Methoden zugänglich sind (270). Tatsächlich sind auch – beginnend am Massachusetts Institute of Technology und mit dem Harvard Program on Technology and Society (271) – weltweit kybernetische Systemanalysen zur

Diagnose und zur Therapie der Dynamik sozio-ökonomischer Komplexe in Angriff genommen worden. In das System der sozio-ökonomischen Werte gehen verschiedene Wertordnungen ein, die sich wechselseitig beeinflussen: „Religiöse oder weltanschauliche Wertvorstellungen beeinflussen die moralischen oder ethischen Werte, diese finden ihren Niederschlag in den gesellschaftlichen Wertordnungen, davon betroffen werden die ökonomischen Werte, die ihrerseits wiederum dafür maßgebend sind, in welchem Maße technische Werte, seien es Mengen oder Eigenschaften von Gütern, beeinflußt werden" (272). Quantifizierung und Formulierung der Elemente des kybernetischen Systems, das zur Erkenntnis der Veränderungen im Bereich der Wertordnungen als Ausgangspunkt dient, sind vor allem deshalb schwierig, weil es an eindeutigen Indizien für vorhandene Wertvorstellungen fehlt. Sollen Aussagen über Werthaltungen der Menschen in eine kybernetische Systemanalyse eingehen, so müssen sie Aussagen über Fakten, nicht über Einstellungen sein; nur unter dieser Bedingung besteht die Chance, wertfreie und auf dem Rechner kalkulierbare Aussagen machen zu können.

Wie groß die Schwierigkeiten solcher Systemanalysen und anschließenden Wertordnungskonstruktionen sind, das wird deutlich, wenn wir uns einmal die Zusammenhänge vor Augen führen, in denen der Wertbereich steht, den wir mit „Bildung" bezeichnen. Dieser Sektor ist nicht isoliert zu betrachten, sondern steht in Abhängigkeitsverhältnissen mit dem Produktions- und Techniksektor, mit dem Eigentumssektor, dem Sektor der sozialen Bindungen und dem Freiheits- und Toleranzsektor, aber auch mit dem Gesundheitssektor, dem Kommunikationssektor und nicht zuletzt dem Weltanschauungs- und Glaubenssektor. Jeder dieser Sektoren umfaßt wieder eine unterschiedliche Anzahl von Elementen. Das Gleiche gilt etwa vom Gesundheitssektor.

Auch diese Systemanalyse geht davon aus, daß es Hauptziele der Menschheit gibt, die invariant und deshalb ethisch indiskutabel sind. Wie der Operationalismus (273), so versucht auch diese Systemanalyse die Zahl der letzten Ziele möglichst zu vermindern, um dadurch die Gefahr von Widersprüchen untereinander möglichst klein zu halten. Diese methodische Verringerung der Anzahl der Grundwerte soll auch bewirken, daß die merkwürdige Diskrepanz aufgehoben wird, die vielfach noch besteht zwischen der kritisch-rational überprüften Sphäre der Mittel und Wege und der oft unreflektierten Sphäre der Wert- und Zielsetzungen.

Formal scheint die Einigung über grundlegende Werte nicht schwerzufallen, wie ein Blick in verschiedene Grundrechtskataloge und Grundgesetze von Völkern und Völkergemeinschaften zeigt. Ein solcher Begriff ist derjenige der „Würde des Menschen", ein anderer derjenige der „Freiheit", ein weiterer der Begriff des „Friedens". So werden in der Charta der Vereinten Nationen von 1945 Werte wie sozialer Fortschritt, höherer Lebensstandard, größere Freiheit, Duldsamkeit, Frieden und Achtung voreinander aufgeführt, während die allgemeine Erklärung der Menschenrechte unter anderem auch die Bildung als einen solchen Grundwert bezeichnet, auf den jeder Mensch Anspruch hat (274).

Zur inhaltlichen Füllung und Festlegung dieser Begriffe trägt der technische Fortschritt nicht unwesentlich bei; sie entstehen in ihren Konkretisierungen zum Teil erst durch den Fortschritt von Naturwissenschaften und Technik, die ihre Verwirklichung ermöglichen. Was ist z. B. die Würde eines Menschen ohne Sicherung seiner Ernährung? Ist es menschenwürdiger, einen Hungernden zu bemitleiden und ihm eine Handvoll Reis zu geben oder beides jetzt zu tun und ihm zugleich zu zeigen, wie er morgen und im nächsten Jahre ohne fremde Hilfe dem Hunger entgehen kann? Was ist Freiheit, wenn sie nicht in gesichertem Frieden in die Zukunft planen kann?

Die Chancengerechtigkeit im Bildungswesen ist durch technische Informations- und Kommunikationsmedien einen großen Schritt näher gerückt; sie helfen unter anderem mit, die unterschiedlichen Zugangsvoraussetzungen zu Bildungsmöglichkeiten zu nivellieren. Die Integration technischer Medien soll ein Weg zu größerer Unabhängigkeit von subjektiven Beurteilungskritieren, zur Demokratisierung und Intensivierung des Bildungsangebots sein.

Vielfältig sind die Motive, die einzelne und Gruppen dazu drängen, von ihnen anerkannte Ziele auch für alle verbindlich machen zu wollen; hier könnten unter anderem genannt werden: Angst vor dem Untergang, Überlebenwollen, Ehrfurcht vor dem Leben, Nächstenliebe, aber auch überkommene Bindungen sowie heimliche oder verheimlichte Interessen.

Auch der Prozeß, in dem diese vorgestellten Ziele zu Geltung und Verbindlichkeit gebracht werden sollen, wird wiederum unterschiedlich gedacht. Nur in Gesellschaften, die auf systemerhaltende oder systemdurchsetzende Machtstrukturen gegründet sind, ist der Gedanke möglich, Ziele ausschließlich durch Sanktionen und Anpassungszwänge durchsetzen zu wollen. Zu idealistisch angesichts der menschlichen Schwäche und der pluralistischen Struktur der Weltgesellschaft ist der phänomenologische Wertansatz, der davon ausgeht, daß die Werthaftigkeit vorgestellter Ziele allgemein deutlich gemacht werden kann und daß sich diese Ziele dann sozusagen von selbst durchsetzen; damit kehrt die sokratische Vorstellung wieder, in der Wissen und Tugend sich miteinander identifizieren ließen. Einzig unserer Weltsituation angepaßt ist der Versuch, durch Konsens zu einer Kooperation zu kommen. Dabei liegen ohne Frage in Sorge und Angst vor der Ungewißheit der Zukunft besonders starke Motive, die zum Konsens drängen. Dieses Bemühen schließt allerdings die beiden anderen Ansätze mit ein: Konsens und Kooperationswilligkeit werden sich nur erreichen lassen, wenn Werte und Ziele in ihrer Werthaftigkeit einsichtig gemacht werden können; immer jedoch wird es einzelne oder Gruppen geben, die sich der Einsicht verschließen und nur durch Sanktionsandrohung zum wertgerecht angepaßten Verhalten gedrängt werden können.

Hier ist nun der Ort, an dem Naturwissenschaften und Technik als Einigungsfaktoren unserer Welt in die Erscheinung treten. Die Entwicklung der Technik, ihr Fortschritt selbst, bringt es mit sich, daß kaum noch isoliertes Spezialistentum gewünscht ist. Die Notwendigkeit der Kooperationsfähigkeit und der Gemeinschaftsarbeit ist gemeinsame Einsicht geworden; hierin aber kann bereits soziales Verhalten wirksam werden.

Die Internationalisierung der naturwissenschaftlich-technischen Entwicklung verstärkt die Einstellung, die auf allzu egoistische Durchsetzung eigener Ziele verzichtet und aus Verständnis für den Pluralismus in der Gesellschaft zum Verzicht auf die allgemeine Annahme eigener Ideologien bereit ist, um sich operationalisierten konkreten Zielen zur Verfügung zu stellen. Für seine technische Arbeit interessiert es den Ingenieur nicht, ob das Geld zum Bau eines Krankenhauses zur Verfügung steht, weil christliche Nächstenliebe es gesammelt hat oder weil ein Staat es etwa aus dem sozialen Motiv der gleichberechtigten Versorgung aller zahlt. Ein Krankenhaus zu bauen, ist gut; warum das gut ist, das mag jeder auf seine Weise vertiefend begründen. In dieser Aufgabe der Vertiefung liegen auch Möglichkeiten für Kirchen, Religionen und Weltanschauungen.

Wenn wir so die Berufe der Naturwissenschaftler und der Ingenieure sehen, wird verständlich, warum gerade hier die Bereitschaft vorhanden ist, die Mittel der eigenen Wissenschaft und damit den technischen Fortschritt einzusetzen, um anerkannte Menschheitsziele zu verwirklichen, diese Mittel aber nie gegen diese Ziele einzusetzen oder mißbrauchen zu lassen. Die Arbeit aller Wissenschaftler ist charakterisiert durch Rationalität der Argumentation, kritische Offenheit gegenüber Einwänden, Konsequenz des methodischen Vorgehens und Schlüssigkeit der Beweisführung. Im Ethos der wissenschaftlichen Arbeit, das in aller Welt beachtet wird, liegt ein Beitrag der Wissenschaften zum Neugewinn und zur Festigung eines Systems ethischer Werte; das wird wirksam bereits in der Auswahl der Ziele, die es wert sind, verfolgt zu werden, aber auch im Suchen nach den Wegen und Mitteln, welche zu diesen Zielen führen (275). Nach *H. Mohr* schließt ein solcher Kodex sittlicher Forderungen z. B. auch ein: gegenseitige Achtung, Objektivität, Anerkennung der Freiheit des Denkens, Verzicht auf Dogmatismus, intellektuelle Ehrlichkeit und Verifizierbarkeit der Aussagen, die von jedem, der die geistigen und technischen Voraussetzungen dazu hat, auf ihre Richtigkeit hin kontrolliert werden können. Darin deutet sich an, daß Naturwissenschaften und Technik in ihrem Fortschreiten eigene Tugenden aus sich heraussetzen können, welche die Menschheit auf dem Weg der Vernunft zur Einigung über ihre Ziele und Wertvorstellungen führt. Der Fortschritt von Naturwissenschaften und Technik zwingt uns geradezu zur Vernunft auch in der Regelung der zwischenmenschlichen Beziehungen. Dabei ist allerdings die Formulierung und der Konsens über die ethischen Werte eine Aufgabe, der die entschlossene Einigkeit vorausgehen muß darüber, daß aller Fortschritt dazu geschaffen wird, um diese Ziele zu verwirklichen, daß Fortschritt also nicht der Gewinnmaximierung und sonstigen Partikularinteressen dienen soll, sondern daß sein Ziel die gesamtgesellschaftliche Optimierung ist.

Diese Einigung über die Ausgangsposition muß zu einem politischen und pädagogischen Anliegen werden, das zugleich die Überzeugung vermittelt, daß die Aufgabe der gesamtgesellschaftlichen Optimierung im Wandel und Fortschritt der Naturwissenschaften und der Technik immer neu als noch unerfüllt sich zu erkennen gibt. Das Ringen um die inhaltliche Füllung der Grundrechte und -werte und der Wille zur Bindung daran müssen daher ebenfalls Leitprinzipien für Bildung und Erziehung sein. So kann man der Gefahr begegnen, die darin liegt, daß ethische Werte und Wertordnungen dazu neigen, sich zu verselbständigen gegenüber den Grundlagen, aus denen sie einmal gewachsen sind.

Die technische Zivilisation hat gewiß ihren endgültigen humanen Ausdruck noch nicht gefunden, weder im wissenschaftlichen Denken noch im gesellschaftlichen Leben und seinen Verhaltensnormen – und wegen der Offenheit der Zukunft wird das Regelsystem auch niemals uneingeschränkt stabil sein dürfen, wenn es dem jeweiligen Fortschritt entsprechend wirklichkeitsgerecht sein soll. Die Mobilität auf verschiedensten Gebieten zu fördern, muß deshalb als dringende Aufgabe erkannt werden, da nur so Persönlichkeitsentfaltung im Wandel der Weltumgebung möglich bleibt. Mit Recht stellt daher der Architekt und Stadtplaner *K. Kurokawa* den Prozeß der Bewegung, die Mobilität, als wichtigstes Kennzeichen der zukünftigen Gesellschaft heraus, weil der Mensch in der rapide sich wandelnden Umwelt nur existieren kann, wenn er selbst in Bewegung bleibt. Die Möglichkeit und Fähigkeit, nach einer Vielfalt von Werten zu leben und eine Fülle von Lebenszielen zu erreichen, sind sein Lebensziel. Der Gesellschaft muß es gelingen, konkurrierende Wertsetzungen und Zielvorstellungen in ein flexibles System zu integrieren, was nicht ohne Wandlung des Systems und seiner Führungsgrößen möglich ist (276).

Die rechte Haltung läßt sich in jeder Zeit nur dann neu gewinnen, wenn rigoros der Mensch in den Mittelpunkt aller Planungen und Entscheidungen gestellt wird, wie es die christlichen Existenzphilosophen *P. Wust* und *G. Marcel* mit Nachdruck gefordert haben (277).

Die Therapie, die allein nach *Wust* Heilung verspricht, ist seine Aufforderung, zurückzufinden zu einer „Humanität der Ehrfurcht". *Wust* weiß, daß die eine Grundhaltung der Pietät sich verschieden äußert: „Es gibt eine Pietät der Persönlichkeit, die sie vor sich selbst übt und in der sich im wesentlichen das Distanzmoment zeigt; es gibt dann ferner eine Pietät vor den Wesen, die mit uns wesensgleich sind und mit denen wir in geistiger Kommunikation stehen. Es muß außerdem eine Pietät geben vor den Wesen, die sich unter uns, also im Bereich der außergeistigen Natur, befinden. Ihren höchsten Grad aber erreicht die Pietät, wenn sie dem Urgeiste selbst gilt, weil in ihm als dem absoluten Seinszentrum alle Relationsfäden überhaupt zusammenlaufen" (278).

Diese Humanität der Ehrfurcht als Grundpinzip gegenwärtiger Ethik würde als neue „Kulturethik" die zielbestimmte Gestaltung der Umwelt durch die Technik des Menschen zur Grundlage haben, aber an den Grundprinzipien der aus Antike und Mittelalter überkommenen „Naturrechtsethik" festhalten können, wobei „Natur" nicht nur die primären Gegebenheiten meint, sondern auch das, was der Mensch in ehrfürchtiger Verantwortung daraus macht, so daß auch die Naturfrömmigkeit – in der säkularisierten Form etwa des Umwelt- und Tierschutzes – ebenso ihren Platz darin findet wie der kulturelle Überbau als Erwerb der Menschheitsgeschichte. Wer an Gott glaubt, sieht darüber hinaus nicht nur sich selbst, sondern auch die ganze Mitwelt als Werk des Schöpfers, der dem Menschen seine kreativen Fähigkeiten geschenkt hat (279).

Anthropologie, die nicht bloß experimentell und statistisch Daten sammelt, sondern auch metaphysischen Tiefen und Weiten aufgeschlossen ist (wobei noch zu bestimmen bleibt, was jeweils „Metaphysik" meinen soll) und die zur Bindung bereit ist: Das ist für *Wust* und *Marcel* die Aufgabe des Philosophierens, denn die Anerkennung solcher Anthropologie bleibt die einzige Möglichkeit, wenn wir die andere Alternative verhindern wollen, daß nämlich eines Tages Menschen wirklich alles machen, was technisch machbar ist.

Der Mensch braucht eine „Religio", eine Bindung, wenn er Mensch bleiben will. Diese „Religio" aber wird einer Humanität gelten müssen, für welche die Pietät ein Grundpfeiler ist.

Ein Leitmotiv für alles Bemühen um Anhaltspunkte für sittliches Verhalten in jeder Zeit könnte ein Wort des alten Weisen *Menander* sein, das *Wust* gern und häufig zitierte: „Wie schön ist doch der Mensch, wenn er ganz Mensch ist" (280). Oder anders gewendet: Wie großartig sind die – auch technischen – Möglichkeiten des Menschen, wenn er dabei Mensch bleibt und den Mitmenschen Mensch bleiben läßt. Oder: Fortschritt ohne ehrfürchtige Bindung führt zum Untergang (281).

Ausblick: Homo faber sapiens

Der Mensch ist von Anfang an als Mensch Techniker. Die Technik ist ein Urhumanum.

Der Mensch ist von Anfang an Produzent von Technik und zugleich von Anfang an im historischen Wandel Produkt seiner Technik. Technik äußert sich darin, daß der Umwelt Formen aufgeprägt werden, die sie von Natur aus nicht hat.

Schon die anfängliche Technik ist an Geistbetätigung gebunden; der geistige Anspruch nimmt zu mit dem Anwachsen des Umwegpotentials. Die Grundfähigkeit des Geistes ist hier die Möglichkeit der Distanz von Subjekt und Objekt, die das Subjekt so heraushebt aus der Umwelt, daß diese als Gegenstandsbereich des Machens theoretisch wie praktisch verfügbar wird.

Der Mensch ist „biologisch" zur Naturbeherrschung gezwungen (282), und er kann dieses leisten kraft seiner Geistesentwicklung, seiner Sprache und seiner sozialen Kommunikationsorganisation. Technik ist also ein Naturbedürfnis des Menschen, der daher von Natur aus Kulturwesen ist. Deshalb kann Technik zugleich als Äußerung des Lebenswillens, des Lebenstriebes und des Willens zur Macht verstanden werden, der die Herrschaft über die Erde sucht, um den Menschen zu verwirklichen und zu erhalten, wobei wir allerdings heute mehr denn je einsehen, daß dieses nicht in selbstsüchtiger Ausbeutung, sondern nur durch schonende Nutzung zu erreichen ist.

Anthropologische Deutung der Technik macht sinnvollerweise den Versuch, alles Technische als vom Menschen Gemachtes aus dem Menschen selbst und aus den in ihm integrativ aufgehobenen niederen Seinsgraden zu erklären. Es gibt Technik, die der anorganischen Materie entspricht; es gibt Technik, die dem vegetativen wie dem sensitiv-tierischen Leben entspricht; und es gibt Technik, die Organe und Funktionen von Organen des Menschen redupliziert, bis hin zur Technik in Analogie zu den entwickeltsten geistigen Funktionen des Menschen. Der Mensch kann im Grunde immer nur sich selbst reproduzieren, wobei die einzelnen Parameter und Funktionen ihre Analogie bewahren, auch wenn sie an Ausmaß oder an Intensität zunehmen. Das gilt für Ergänzungstechniken, Verstärkungstechniken und Entlastungstechniken gleichermaßen (283).

Damit ist der Begriff der Analogie – zusammen mit „Muster" und „Modell" – als ein zentraler Begriff der Anthropologie der Technik herausgestellt. Hierzu kann noch immer *E. Kapp* wertvolle Anregungen geben, die vertieft werden etwa durch *I. Rechenbergs* Arbeit über Evolutionsstrategie und *H. Stachowiaks* Beiträge zur allgemeinen Modelltheorie (284).

Weil alles Menschengemachte aus dem Menschen kommt, ist Technik gleichzeitig ein Medium der Selbstverwirklichung und der Selbsterkenntnis. Wenn wir Technik machen oder wahrnehmen, machen wir uns selbst und nehmen uns selbst wahr in ihr. Die Technik jeder Zeit offenbart uns den Menschen jeder Zeit. Im Sinne der Hegelschen Dialektik der Anerkennung braucht der Mensch dieses Nach-außen-Gehen, um zu sich selbst zu kommen.

Der Mensch verwirklicht sich in der Technik als Individuum wie als soziales Wesen. Das Abbild einer vom Individuum geschaffenen Technik kann daher durchaus in Analogie zu den sozialen Aspekten der Anthropologie stehen, weil bereits im Individuum die Sozialität als Charakteristik der ganzen Gattung angelegt ist.

Die Welt der Technik als Spiegelbild des Menschen enthält alle Ambivalenzen des Menschen selbst; sie ist der äußere Mensch selber.

Eine besondere Tendenz der Natur, nämlich selbststabilisierende Regelsysteme zu entwickeln, zeigt sich in der Technik, die zur Automation strebt und darin ihr eigentliches Wesen offenbart, das in Werkzeugen wie in Arbeits- und Kraftmaschinen noch verdunkelt war. Diese höchste Analogie im Körperlichen – die Selbstregelung des Herzschlags, der Atmung usw. – ist aber wohl noch nicht das Ende der Technik. Man wird sagen dürfen, daß die Technik jetzt erst anfängt, auf die eigentlich menschliche Höhe ihrer Entwicklung zu gelangen, indem sie den Arbeitsbereich der Entwicklung der Technik von den Analogien zum Körperlichen und seiner Organisation – das ist uns mit den Tieren gemeinsam – zu Analogien zum Geistigen und Psychischen des Menschen fortentwickelt. Bisher sind wir erst bei einer theriologen (tierförmigen) Technik angelangt, die wir recht weit entwickelt haben; jetzt gilt es, eigentlich anthropologe (menschenförmige) Technik zu schaffen.

Damit entbirgt und bringt die Technik ans Licht, was der Mensch ist, der als Dasein der Zugang zu allem anderen Seienden ist, das er in sich „aufhebt", so daß in ihm und durch ihn das Sein selbst aufscheinen kann. Die Sorge *Heideggers,* daß in der Technik hergestelltes Seiendes uns das Sein und seinen Grund verstellen könnte, ist nur zu sehr begründet, da immer die Gefahr besteht, daß wir Vorletztes als Letztes, Teile als Ganzes, Vorläufiges als Ende, Mittel als Ziele nehmen.

In die größte Gefahr gerät dabei der Mensch selbst, der schließlich sich selbst als Seiendes wie andere Seiende, d. h. als Objekt begreift und sich nicht mehr als Zugang zur Wahrheit des Ganzen erfaßt. Technik auch instrumental-anthropologisch zu bestimmen, ist richtig, aber es ist nicht ausreichend, weil es nicht das Ganze ist, das allein die Wahrheit ist. Der Mensch darf, wie *Kant* als Ethiker zeigt, nie bloß als Mittel nach Regeln der Geschicklichkeit zu beliebigen Zwecken gebraucht werden, sondern er steht unter dem kategorischen Anspruch, sich selbst immer als Zweck aus der technisch-instrumentellen Verfügbarkeit heraushalten zu müssen.

Es ist fraglich, ob wir in der Anthropologie der Technik so weit gehen müssen oder auch nur können wie *Heidegger,* der zum Mystiker wird, wenn er das Ganze nur als auf uns zukommende Wahrheit in der Stimmung zum Sein, als Geschick ausgibt, worin sich letzten Endes der „göttliche" Seinswille unser bemächtigt. Das könnte zur Flucht aus der Verantwortung verleiten.

Entwicklung der Technik fordert parallel- oder vorweglaufende Entwicklung des gesamten menschlichen Geistes und der menschlichen Psyche, damit die Steuerungsfunktion von außen wahrgenommen werden und psychisch verkraftet werden kann, ohne daß es zum heute so oft auf verschiedenen Gebieten beobachteten Ausscheren aus der Situation dieser Zeit kommt. Diese geistig-psychische Kraft ist erforderlich, weil rein technisch betrachtet die Technik aus sich herausweist: Die Sollwerte eines Input-Output-Systems müssen von außen – aus umgreifenderen Systemzusammenhängen – vorgegeben werden, wenn die dazwischenliegende Transformation als eine technische, nicht naturgegebene verstanden wird.

Die Möglichkeiten der Technik sind daher an die Entwicklung des Menschen und seiner Umwelt gebunden. Hier verbinden sich nun *Dessauer* und *Marx:* Es müssen bestimmte sozio-ökonomische Bedingungen gegeben sein, und der Mensch muß eine bestimmte physische, psychische und geistige Entwicklungsstufe erreicht haben, ehe bestimmte Formen von Technik „gefunden" werden können. Alle „Erfindung" ist daher ein geschichtlich möglich gewordenes Finden von etwas, was grundsätzlich ein für allemal als möglich Gegebenes ist. In der Technik wird damit die Zukunftsdimension des Menschen und seines Handelns deutlich. Die Geschichte erweist sich als machbar durch den Menschen, der Neues Realität werden läßt, obwohl es in der Seinsgestalt des Noch-Nicht bereits immer anwesend ist. Aber diese Zukunftsdimension zeigt einen Menschen, dessen schöpferische Freiheit des Geistes eingebunden ist in das Schicksal der inerten Materie mit ihrer determinierten Unterworfenheit unter unwandelbare Relationen und Gesetze (285).

In unserer Zeit stellt sich einer Anthropologie der Technik vor allem die Aufgabe, die verlorene Einheit des Menschen wiederzugewinnen. Der Mensch ist auseinandergefallen in der Entwicklung seiner Subjektivität – die Kritikfähigkeit und Steuerungskraft eingeschlossen – und in der Entwicklung seiner Objektseite unter Einschluß seiner instrumentellen Zugriffsfähigkeit. Nur in der Ganzheit kann die Vernunft die Fähigkeit wiedergewinnen, über Ziele zu urteilen; sonst fügt sich die subjektive Vernunft allem, was durch Meinungsbefragungen, Dezisions- oder Wahlprozesse festgelegt wird, ohne daß nach dem Wahrheits- oder Wertgehalt gefragt wird.

Wegen des Entwicklungsvorsprungs der technischen Vernunft muß verstärkte Anstrengung auf den Weg nach innen, auf die Selbstreflexion verwandt werden. Diese Selbstreflexion kann aber in dieser Zeit nicht bloß individuell geleistet werden. Gerade die Entwicklung der Technik zur großen Maschinerie und die voraussehbare Weiterentwicklung in Analogie zu den höheren Fähigkeiten des Menschen fordert auch den „großen" Menschen, der sich selbst in kommunikativen Prozessen erkennt.

Vielleicht hat *J. Habermas* diese Aufgabe am klarsten formuliert. Es geht ihm darum, die instrumentelle Vernunft, die Tendenzen zur Ablösung und Verselbständigung zeigt, wieder einzuholen, um sie einzubringen in eine ganzheitlichere Vernunft des individuellen wie des sozialen Subjekts, dem das Recht der Kritik im Sinne einer Beurteilung und Entscheidung zusteht und der die Fähigkeit entwickelt hat, dieses Recht auch wahrzunehmen. Darum zwingt die technische Entwicklung zur Weiterentwicklung des Menschen, der sonst von der durch ihn selbst entwickelten Technik vereinnahmt und damit als Mensch ausgelöscht wird (286).

Hierzu muß sich das Bewußtsein nicht mehr nur als individuell-subjektives, sondern vor allem als allgemein-objektives in der Subjektivität des Bewußtseins konstituieren und seine vernünftige Identität zu gewinnen suchen. Nur durch diese Gewinnung von Identität – die durch Einsicht in Werte und Wertordnungen, durch Konsens über die Bindungswilligkeit der Subjekte bezüglich einer „objektiven" Ordnung möglich wird – läßt sich die zentrale Gefahr einer ausschließlich technischen Zivilisation vermeiden: „die Spaltung des Bewußtseins und die Aufspaltung der Menschen in zwei Klassen – in Sozialingenieure und Insassen geschlossener Anstalten" (287).

Es gibt keine restlose Eigengesetzlichkeit des technischen Fortschritts. Wir haben selbst über seine Richtung zu bestimmen und müssen ihn als instrumentelles Mittel außertechnischen Zielsetzungen zuordnen oder unterordnen. Die Reflexion über Ziele und Werte und über ihre Ordnung nach Prioritäten und Präferenzen erweist sich als eine der aktuellsten philosophischen Aufgaben der gegenwärtigen Anthropologie der Technik. Der Mensch ist auch faber, Techniker. Aber es gibt mehr über den Menschen zu sagen als nur dieses. Die Wahrheit ist der ganze Mensch; er ist auch die Wahrheit des Menschen als Techniker.

Wer heute Technik verstehen will, darf nicht nur Technik verstehen! Er muß wissen, daß Voraussetzungen, Realitäten und Auswirkungen horizontal und vertikal weiter reichen als Herstellung und Vorhandensein eines technischen Produkts. Technik muß alle Zeitdimensionen – von der Vergangenheit über die Gegenwart bis in die Zukunft – einbeziehen. Sie muß sich zugleich ihrer sozialen, wirtschaftlichen, politischen und humanen Bezüge und Komponenten bewußt sein.

Dazu gehört, daß der Ingenieur und jeder an Technik in Produktion, Distribution und Konsumtion Beteiligte weiß, woran er beteiligt ist und in welches vernetzte Beziehungsgeflecht er durch die Technik eingespannt ist.

Gerade wegen der weitreichenden Wirkung und Verflechtung der Technik ist es besonders wichtig, auf dem rationalen Charakter der Technik zu bestehen, den es gegenüber Verteufelungen der Technik, gegenüber Darstellungen der Technik als unentrinnbar, magisch und anonym zu betonen gilt. Damit ist nicht gesagt, daß es immer gelingt, jedes Unglück zu vermeiden oder daß jeder alles durchschauen könnte.

Je mehr der Aberglaube von der Irrationalität, Dämonie, Undurchschaubarkeit und Unbeherrschbarkeit der modernen Technik verbreitet ist, desto größere Chancen haben autoritäre, diktatorische Herrschaftssysteme. Je mehr aber der Mensch, der die Technik macht, der weiß, was er macht, dem die Technik transparent ist, je mehr also der Ingenieur tut, um sein Selbstbewußtsein zu entwickeln und um die Öffentlichkeit aufzuklären, desto größer wird die Chance der Freiheit, der Selbstbestimmung, der Demokratie. Das verlangt natürlich auch ein gesellschaftspolitisches Engagement der Wissenden, also auch der Ingenieure selbst.

Dem Ingenieur wird es noch unmittelbarer als dem Gesellschaftswissenschaftler deutlich, daß Gerede von Ausgeliefertsein an unentrinnbares Schicksal oder an irrationale Mächte nur eine Flucht vor der Eigenverantwortung ist, welche die Gesellschaft trägt für das, was sie macht oder durch den Ingenieur machen läßt oder zuläßt. Weil dem Ingenieur die Rationalität des Ursprungs und die Transparenz des Technischen am deutlichsten sind, daher trägt er die besondere Verantwortungspflicht der Aufklärung.

Philosophische Besinnung über Technik hat dem gleichen Anliegen zu dienen und Hersteller wie Benutzer, Produzent wie Konsument zu befähigen, diesem Anspruch zu entsprechen. Diese philosophische Besinnung hat eine interpretierende Aufgabe: Sie soll die Sache „Technik" zum Begriff erheben. Die philosophische Besinnung hat eine integrierende Aufgabe: Sie soll die Spezifikation und Diversifikation der Technik in einer Einheitsschau zusammenfassen und diese zugleich harmonisch in das Gefüge von Wissen und Tun des Menschen überhaupt einordnen. Die philosophische Besinnung hat zugleich eine emanzipatorische Aufgabe, die sie erfüllt, wenn das gelebte System von Abhängigkeiten durchschaut und ein möglichst großes Maß an Freiheit und Selbstgestaltung gewonnen wird, das allen Menschen in einer gemeinsamen Welt menschenwürdiges Leben schenkt.

Die Resultate philosophischer Arbeit über die Technik und die von ihr geprägte Welt müssen vor allem fester Bestandteil des Bewußtseins der Ingenieure und aller Technikschaffenden sein, damit sie und ihre Vertretungsorganisationen den Beitrag leisten können, den die Gesellschaft zu Recht von ihnen erwarten kann.

Eine Zeit kann nur dann die rechte Technik und das rechte Verhältnis zu ihrer Technik haben, wenn sie das rechte Menschenbild hat. Daher ergibt sich die drängende Notwendigkeit einer ziel-, maßstab- und leitbildorientierten Erziehung statt bloßer Vermittlungskompetenz für bruchstückhaftes Sachwissen, das den homo faber sapiens zum bloßen – und so furchtbar gefährlichen – homo faber macht.

Anmerkungen

(1) *G. W. F. Hegel,* Einleitung in die Geschichte der Philosophie. 3. Auflage. Hamburg 1959, S. 149. – Vgl. auch *G. W. F. Hegel,* Grundlinien der Philosophie des Rechts. 4. Auflage. Hamburg 1955, S. 16.

(2) Vgl. hierzu *J. Habermas,* Theorie und Praxis. Sozialphilosophische Studien. 4. erweiterte Auflage. Frankfurt a. M. 1971, S. 337.

(3) In diesem Zusammenhang verdient es Erwähnung, daß der XV. Weltkongreß für Philosophie (17. bis 22. September 1973 in Varna, Bulgarien) unter dem Thema stand: „Mensch – Wissenschaft – Technik". Vgl. dazu meinen Bericht „Mensch, Wissenschaft, Technik. Die Welt der Technik als Thema des 15. Weltkongresses für Philosophie in Varna". VDI-Nachrichten Nr. 44 vom 31. 10. 1973, S. 28.

Der XVI. Weltkongreß für Philosophie, der vom 27. 8. bis 2. 9. 1978 in Düsseldorf stattfand, stand unter dem Generalthema „Die Philosophie und die Weltauffassungen der modernen Wissenschaften"; eine eigene Sektion befaßte sich mit der „Beherrschung des wissenschaftlich-technischen Fortschritts". – In der DDR nimmt man die westdeutschen Publikationen zur Technikphilosophie durchaus zur Kenntnis, wie auch die Rezension der ersten Auflage dieses Buches durch *D. Teichmann* im „Referateblatt Philosophie" zeigt (Zentralstelle für die philosophische Information und Dokumentation, Berlin. Reihe A, 11 (1975) Lfg. 1, Bl. 46). Vgl. weiter: *I. Ullrich,* Die politisch-ideologischen Funktionen der vom VDI verbreiteten Auffassungen über die Entwicklung der Technik und ihre Rolle als Faktor des gesellschaftlichen Lebens (Dissertation). Karl-Marx-Stadt 1969; *G. Bohring,* Technik im Kampf der Weltanschauungen. Ein Beitrag zur Auseinandersetzung der marxistisch-leninistischen Philosophie mit der bürgerlichen „Philosophie der Technik". Berlin 1976; *S. Wollgast/G. Banse,* Philosophie und Technik. Zur Geschichte und Kritik, zu den Voraussetzungen und Funktionen bürgerlicher „Technikphilosophie". Berlin 1979; *G. Kovács/S. Wollgast* (Hrsg.), Technikphilosophie in Vergangenheit und Gegenwart. Berlin 1984. – Als beste westdeutsche Darstellung der Technikphilosophie in der DDR betrachte ich die allerdings unter einem besonderen Gesichtspunkt erstellte Übersicht „Zur Entwicklung der Konzeption ‚wissenschaftlich-technische Revolution' in der DDR-Theorie" von *S. Krämer-Friedrich* im „Deutschland-Archiv" 9. Jg. 1976 (Sonderheft

„Wissenschaftlich-technische Revolution und industrieller Arbeitsprozeß"), S. 53/74. Vgl. auch *B. M. Lindenberg,* Das Technikverständnis in der Philosophie der DDR. Frankfurt – Bern – Cirencester 1979 (mit umfangreicher Bibliographie). Eine umfassende philosophisch-kritische Darstellung bleibt ein dringendes Desiderat.

(4) Da ein technikgeschichtlicher Überblick den Rahmen dieser Arbeit überschreiten würde, soll hier nur auf die Zeitschrift „Technikgeschichte" und auf die Buchreihe „Technikgeschichte in Einzeldarstellungen" verwiesen werden, die beide vom Verein Deutscher Ingenieure herausgegeben werden. – Eine umfassende Bibliographie liegt bisher in deutscher Sprache nicht vor, wird aber vom Arbeitsbereich „Technikgeschichte" des Vereins Deutscher Ingenieure vorbereitet. Eine brauchbare Bibliographie, die besonders die angloamerikanischen Veröffentlichungen registriert, ist die Arbeit von *E. S. Ferguson,* Bibliography of the History of Technology. Cambridge, Mass. 1968. Auch die Zeitschrift „Technology and Culture" veröffentlicht regelmäßig bibliographische Übersichten, die jedoch die nicht anglo-amerikanischen Publikationen nur unvollständig erfassen.

(5) Eine umfassende Bibliographie zur Philosophie der Technik liegt vor in einer Sondernummer der Zeitschrift „Technology and Culture" (April 1973, Vol. 14, Nr. 2, Part II). Die Autoren *C. Mitcham* und *R. Mackey* sind auch die Herausgeber eines Readers zur Technikphilosophie: Philosophy and Technology. Readings in the Philosophical Problems of Technology. New York 1972; vgl. dazu meine Besprechung in Technikgeschichte 40 (1973) Nr. 4, S. 348 f. Im deutschen Sprachbereich empfehlen sich zum ersten Kennenlernen philosophischer Texte über die Technik, ihre Voraussetzungen und Wirkungen die beiden Schriften von *K. Tuchel:* Herausforderung der Technik. Gesellschaftliche Voraussetzungen und Wirkungen der technischen Entwicklung. Bremen 1967; Sinn und Deutung der Technik. Stuttgart o. J. (für den Schulgebrauch geeignetes Quellenheft).

Vgl. ferner *A. Huning,* Philosophie der Technik. In: Technik und Gesellschaft. Band 3: Ausgewählte und kommentierte Texte: Selbstzeugnisse der Techniker – Philosophie der Technik. Hrsgg. v. *H. Sachsse* in Zusammenarbeit mit *A. Huning* und *H.-R. Spiegel.* München 1976, S. 127/253; *H. Lenk,* Zur Sozialphilosophie der Technik. Frankfurt 1982; *F. Rapp,* Analytische Technikphilosophie. Freiburg/München 1978; *G. Ropohl,* Eine Systemtheorie der Technik. Zur Grundlegung der Allgemeinen Technologie. München/Wien

1979; *G. Ropohl,* Die unvollkommene Technik. Frankfurt 1985; *H. Sachsse,* Anthropologie der Technik. Braunschweig 1978; *H. Sachsse,* Ökologische Philosophie. Natur – Technik – Gesellschaft. Darmstadt 1984.

(6) Eine Übersicht bietet die auf reicher Materialfülle aufbauende Arbeit von *W. Seibicke,* Technik. Versuch einer Geschichte der Wortfamilie um τέχνη in Deutschland vom 16. Jahrhundert bis etwa 1830. Düsseldorf 1968.

(7) Ebd. S. 13.

(8) Vgl. ebd. S. 17.

(9) Vgl. ebd. S. 27 f., 75, 169.

(10) Vgl. ebd. S. 181/92.

(11) Ebd. S. 220, S. 222 f.

(12) Vgl. ebd. S. 96/123.

(13) Ebd. S. 108.

(14) Ebd. S. 126.

(15) Ebd. S. 133.

(16) Ebd. S. 143.

(17) Vgl. hierzu *S. W. Schuchardin,* Grundlagen der Geschichte der Technik. Leipzig 1963. S. 34.

(18) Nach *W. Seibicke,* Technik. Versuch einer Geschichte der Wortfamilie um τέχνη in Deutschland vom 16. Jahrhundert bis etwa 1830. Düsseldorf 1968, S. 156.

(19) Hier zitiert nach dem Aufsatz von *H. Grünewald,* „Technologie" und „Technik". Unterschiedliche Bedeutungsinhalte stören Kommunikation zwischen den Wissenschaften. In: Mensch und Technik – Veröffentlichungen 1971/72. Düsseldorf 1974.

Vgl. hierzu auch *B. Wagner,* Hat die „Technologie" die Technik überrundet? In: VDI-Nachrichten Nr. 33 vom 27. 9. 1985, S. 8.

(20) Nach einem unveröffentlichten „Vorschlag zur Definition der Begriffe Technologie und Technik", den *H. Grünewald* dem Ausschuß „Sprache und Technik" des Vereins Deutscher Ingenieure vorgelegt hat, S. 1. – Dieser Ausschuß befaßt sich neben der Erörterung solcher terminologischer Grundprobleme insbesondere mit der Struktur und der Entwicklung der Fachsprachen in der Technik. Zu diesem Zweck veröffentlicht er u. a. regelmäßig VDI-Richtlinien zur Sprache der Technik. Einen Überblick über diese Thematik liefert *H.-R. Spiegel:* Sprache – Mittel fachlicher Kommunikation. In: Mensch und Technik – Veröffentlichungen 1969/70. Düsseldorf 1971.

(21) Ebd. S. 3.

(22) *G. Ropohl,* Was heißt „Technologie"? Terminologische Bemerkungen zu einem umstrittenen Begriff. In: Mensch und Technik – Veröffentlichungen 1971/72. Düsseldorf 1974.

(23) Eine solche Einteilung der traditionellen Philosophie der Technik legte *H. Lenk* 1972 auf dem X. Deutschen Kongreß für Philosophie in Kiel vor. Sein Vortrag ist abgedruckt in: *H. Lenk/S. Moser* (Hrsg.), Techne, Technik, Technologie. Philosophische Perspektiven. Pullach bei München 1973, S. 198/231. Vgl. besonders S. 198/206. Vgl. dazu meinen Kongreßbericht „Aufweis künftiger Wege. Technik auf dem Philosophie-Kongreß in Kiel". VDI-Nachrichten Nr. 44 vom 1. November 1972, S. 18. – Auch *S. Moser* gibt in seiner „Kritik der traditionellen Technikphilosophie" im gleichen Band, S. 11/81 eine allerdings weniger systematisierte Übersicht.

Einen umfassenden Überblick bietet auch *G. Schnellmann,* Theologie und Technik. 40 Jahre Diskussion um die Technik, zugleich ein Beitrag zu einer Theologie der Technik. Bonn 1974.

(24) *E. Kapp,* Grundlinien einer Philosophie der Technik. Zur Entstehungsgeschichte der Cultur aus neuen Gesichtspunkten. Braunschweig 1877, S. V (Nachdruck: Düsseldorf 1978 – mit einer ausführlichen Einleitung von *H.-M. Saß*). – Vgl. dazu *H.-M. Saß,* 100 Jahre Philosophie der Technik. In: Lion. Internationales Mitteilungsblatt einer Vereinigung im Dienste der Menschheit. Jg. 22 (1977) Heft 12, S. 685/90; vgl. ferner *A. Huning,* Homo Mensura: Human Beings are their Technology – Technology is Human. In: Research in Philosophy & Technology 8 (1985) S. 9/16.

(25) *E. Kapp,* Ebd. S. V f.

(26) Ebd. S. VI, 27 f, 138, 140, 162, 165, 169. – Vgl. *D. Brinkmann,* Mensch und Technik. Grundzüge einer Philosophie der Technik. Bern 1964.

(27) *E. Kapp,* Ebd. S. 351.

(28) Vgl. ebd. S. 13. – In neuerer Zeit wird die These von der Organprojektion vertreten von *A. Gehlen.* Vgl. sein Buch „Die Seele im technischen Zeitalter". Hamburg 1957.

(29) *E. Zschimmer,* Philosophie der Technik. Vom Sinn der Technik und Kritik des Unsinns über die Technik. Jena 1914, S. 27.

(30) Ebd. S. 30.

(31) Ebd. S. 41.

(32) Vgl. ebd. S. 64 f.

(33) Ebd. S. 112.

(34) Ebd. S. 117.

(35) *M. Schröter,* Philosophie der Technik. München-Berlin 1934, S. 24.

(36) Ebd. S 26.

(37) *F. Dessauer,* Technik und Weltgeist. In: Technik und Industrie 1922, Heft 23/24, S. 268/72. Vgl. besonders S. 269 f.

(38) *F. Dessauer,* Bedeutung und Aufgabe der Technik beim Wiederaufbau des Deutschen Reiches. Berlin 1926, S. 14 f.

(39) *F. Dessauer,* Philosophie der Technik. Das Problem der Realisierung. Bonn 1927, S. 5. – Mit diesem Werk setzt sich *K. Tuchel* in seiner Dissertation ‚Die Philosophie der Technik bei Friedrich Dessauer. Ihre Entwicklung, Motive und Grenzen", Frankfurt 1964, auf den Seiten 27/43 gründlich auseinander. Vgl. dazu auch *P. Becher,* Mensch und Technik im Denken *Friedrich Dessauers, Martin Heideggers* und *Romano Guardinis.* Frankfurt – Cincinnati – Kaiserslautern 1974; *A. Huning,* Robinson Crusoe wurde aus Not ein Techniker. Hundert Jahre *Friedrich Dessauer:* Optimistische Technikphilosophie nach beiden Weltkriegen. In: VDI-Nachrichten Nr. 9 vom 27. 2. 1981; *A. Huning,* 100 Jahre Friedrich Dessauer (1881–1963). In: Renovatio 38 (1982) H. 1, 47/50.

(40) *F. Dessauer,* Philosophie der Technik. Das Problem der Realisierung. Bonn 1927. S. 19 f.

(41) Vgl. *K. Tuchel,* Die Philosophie der Technik bei Friedrich Dessauer. Ihre Entwicklung, Motive und Grenzen. Frankfurt 1964, S. 48 f.

(42) *F. Dessauer,* Streit um die Technik. Frankfurt 1956, S. 234.

(43) Ebd. S. 234 f.

(44) Ebd. S. 140 f.

(45) Ebd. S. 141.

(46) Ebd. S. 279 f.

(47) Ebd. S. 286.

(48) Ebd. S. 150.

(49) Ebd. S. 150 f.

(50) Ebd. S. 169.

(51) Ein besonders deutliches Beispiel ist die Rezension von *F. Dessauers* „Streit um die Technik" von *H. Jacob* in der Beilage der Zeitschrift „Die Fachschule", 1960, Heft 11.

(52) Ebd.

(53) Vgl. *K. Tuchel,* Herausforderung der Technik. Gesellschaftliche Voraussetzungen und Wirkungen der technischen Entwicklung. Bremen 1967, S. 79.

(54) *K. Tuchel,* Kultur im Werden. Philosophische Bemerkungen zur kulturpolitischen Zielsetzung. In: Offene Welt Nr. 10, 1970, S. 21.

(55) *K. Tuchel,* Wissenschaftliche Erkenntnisse und technische Fortschritte in metaökonomischen Wertordnungen. In: Verein Deutscher Ingenieure (Hrsg.), Wirtschaftliche und gesellschaftliche Auswirkungen des technischen Fortschritts. Düsseldorf 1971, S. 121/38; vgl. besonders S. 130.

(56) Ebd. S. 131.

(57) Ebd. S. 138.

(58) Zitat nach dem unveröffentlichten Vortragsmanuskript vom 5. 12. 1967.

(59) *K. Tuchel,* Zum Verhältnis von Technik und Wirtschaft. In: Die berufsbildende Schule 1965, Heft 10, S. 680/85; vgl. besonders S. 681.

(60) *K. Tuchel,* Herausforderung der Technik. Gesellschaftliche Voraussetzungen und Wirkungen der technischen Entwicklung. Bremen 1967, S. 24.

(61) *H. Sachsse,* Technik und Verantwortung. Probleme der Ethik im technischen Zeitalter. Freiburg 1972, S. 51 f. – Ausführlicher stellt *Sachsse* diesen Umwegcharakter der Technik dar in seinem wertvollen Buch „Anthropologie der Technik. Ein Beitrag zur Stellung des Menschen in der Welt." Braunschweig 1978, S. 9/17. Dieses Buch, das eine breite Fülle kulturgeschichtlichen und philosophischen Materials verarbeitet, dürfte die bisher umfassendste Darstellung der anthropologischen Probleme der Technik in deutscher Sprache sein.

(62) *H. Sachsse,* Technik und Verantwortung. Probleme der Ethik im technischen Zeitalter. Freiburg 1972, S. 54.

(63) *H. Sachsse,* Anthropologie der Technik. Ein Beitrag zur Stellung des Menschen in der Welt. Braunschweig 1978, S. 258/270. – Vgl. auch *H. Sachsse,* Ökologische Philosophie. Natur – Technik – Gesellschaft. Darmstadt 1984.

(64) *H. Stork,* Einführung in die Philosophie der Technik. Darmstadt 1977, 181/85. – Das Buch, das von der modernen kybernetischen Technik und der Systemtheorie ausgeht, kann durchaus als erste Hinführung zu den wissenschaftstheoretischen und anthropologischen Fragestellungen der Philosophie der Technik anerkannt werden, obwohl die Informationen über bisherige Beiträge dazu sehr willkürlich ausgewählt sind und kein repräsentatives Bild geben; der Autor wird sicher keineswegs dem gerecht, was etwa im Verein

Deutscher Ingenieure und seinen Arbeitskreisen seit 1956 geleistet wurde.

(65) Ebd. S. 185.

(66) *M. Scheler,* Die Wissensformen und die Gesellschaft. 2. Auflage. Bern-München 1960, S. 66.

(67) *M. Scheler,* Die Stellung des Menschen im Kosmos. München 1947, S. 34, Anm. 1.

(68) *M. Scheler,* Die Wissensformen und die Gesellschaft. 2. Auflage. Bern-München 1960, S. 125.

(69) Ebd. S. 127.

(70) Ebd. S. 135.

(71) Ebd. S. 135, Anm. 1.

(72) Vgl. ebd. S. 193.

(73) Ebd. S. 68.

(74) *M. Scheler,* Der Formalismus in der Ethik und die materiale Wertethik. 2. Auflage. Halle 1921, S. 104.

(75) Ebd. S. 12.

(76) *P. Wust,* Gesammelte Werke, Band VII, S. 278.

(77) Aus dem Aufsatz „Das 19. Jahrhundert im Kampf zwischen Aufklärung und Romantik". Dieser Aufsatz ist in den Gesammelten Werken *P. Wusts* nicht enthalten. Zitiert nach dem Manuskript im Besitz des *Peter Wust*-Archivs im Franziskanerkloster zu Münster.

(78) *P. Wust,* Gesammelte Werke, Band II, S. 108 und S. 316.

(79) *P. Wust,* Gesammelte Werke, Band X, S. 38.

(80) *P. Wust,* Gesammelte Werke, Band VI, S. 150 und Band II, S. 237.

(81) Vgl. *K. Tuchel,* Die Philosophie der Technik bei Friedrich Dessauer. Ihre Entwicklung, Motive und Grenzen. Frankfurt 1964, S. 75.

(82) *K. Jaspers,* Vom Ursprung und Ziel der Geschichte. München 1949, S. 127. – Vgl. hierzu *K. Tuchel,* Die Philosophie der Technik bei Friedrich Dessauer. Ihre Entwicklung, Motive und Grenzen. Frankfurt 1964, S. 73/82.

(83) *K. Jaspers/K. Rossmann,* Die Idee der Universität. Für die Gegenwart entworfen. Berlin-Göttingen-Heidelberg 1961. Hier zitiert nach *K. Tuchel,* Die Philosophie der Technik bei Friedrich Dessauer. Ihre Entwicklung, Motive und Grenzen. Frankfurt 1964, S. 81.

(84) *K. Jaspers,* Die geistige Situation der Zeit. Berlin-Leipzig 1931. Vgl. etwa S. 32 f. Vgl. ferner den Aufsatz von *K. Jaspers* „Das Kollektiv und der Einzelne". In: *K. Jaspers,* Vernunft und Freiheit. Ausgewählte Schriften. Stuttgart-Zürich-Salzburg (1959) S. 377/85.

(85) *K. Jaspers,* Die geistige Situation der Zeit. Berlin-Leipzig 1931, S. 37.

(86) Ebd. S. 41.

(87) Vgl. ebd. S. 44/46.

(88) Ebd. S. 185.

(89) Ebd. S. 211.

(90) Zur philosophischen Erörterung der Technik bei *M. Heidegger* vgl. *K. Tuchel,* Die Philosophie der Technik bei Friedrich Dessauer. Ihre Entwicklung, Motive und Grenzen. Frankfurt 1964, S. 82/92; *H. Sachsse,* Was ist Metaphysik? Überlegungen zur Freiburger Antrittsvorlesung von Martin Heidegger und ein Exkurs über seine Frage nach der Technik. In: Zeitschrift für philosophische Forschung 28 (1974) Heft 1, S. 67/93; *H. Sachsse,* Die Technik in der Sicht Herbert Marcuses und Martin Heideggers. In: Proceedings of the XVth World Congress of Philosophy. Band 1. Sofia 1973, S. 371/75; *P. Becher,* Mensch und Technik im Denken Friedrich Dessauers, Martin Heideggers und Romano Guardinis. Frankfurt, Cincinnati, Kaiserslautern 1974, S. 176/280; *A. Huning,* Der Seinsdenker als Technikphilosoph. „Es gibt keine Dämonie der Technik" – Zum Tode Martin Heideggers. In: VDI-Nachrichten Nr. 23 vom 11. 6. 1976; *W. Schirmacher,* Technik und Gelassenheit. Zeitkritik nach Heidegger. Freiburg/München 1983.

(91) *M. Horkheimer,* Zum Begriff der Vernunft. In: Sozialphilosophische Studien. Frankfurt 1972, S. 47/58; vgl. S. 47.

(92) *M. Horkheimer,* Zur Kritik der instrumentellen Vernunft. Aus den Vorträgen und Aufzeichnungen seit Kriegsende. Herausgegeben von *A. Schmidt.* Frankfurt 1974, S. 13/174; vgl. S. 13.

(93) Ebd. S. 21.

(94) Vgl. ebd. S. 39, 47 f., 59. – In einer umfassenden Systematik der Technikphilosophie müßte auch die Bedürfnisproblematik ihren gebührenden Platz erhalten. Hier sei nur auf folgende informative Veröffentlichung verwiesen, die auch ein kommentiertes Literaturverzeichnis enthält: *S. Moser – G. Ropohl – W. Ch. Zimmerli* (Hrsg.), Die ‚wahren' Bedürfnisse – oder: wissen wir, was wir brauchen? Basel/Stuttgart 1978.

(95) *J. Habermas,* Technik und Wissenschaft als „Ideologie". 4. Auflage. Frankfurt 1970, S. 7.

(96) Ebd. S. 32 f.

(97) Vgl. ebd. S. 34.

(98) Vgl. ebd. S. 35.

(99) Vgl. ebd. S. 56 f.

(100) Vgl. ebd. S. 62.

(101) Vgl. ebd. S. 114 und S. 118.

(102) *H. Marcuse,* Der eindimensionale Mensch. Neuwied 1967, S. 246.

(103) *J. Habermas,* Technik und Wissenschaft als „Ideologie". 4. Auflage. Frankfurt 1970, S. 48 f.

(104) Vgl. hierzu *H. Sachsse,* Technik und Verantwortung. Probleme der Ethik im technischen Zeitalter. Freiburg 1972, S. 75/94.

(105) Beachtliche Beiträge zur Technikphilosophie, die hier nicht im einzelnen vorgestellt werden können, haben ferner unter anderen geleistet: *H. Beck, M. Bense, N. Berdjajew, E. Bloch, D. Brinkmann, A. Gehlen, R. Guardini, W. G. Haverbeck, H. H. Holz, K. Hübner, P. Koeßler, H. Lenk, J. Ortega y Gasset, F. Rapp, G. Ropohl, W. Schapp, K. Schilling, H. Zbinden.*

(106) *G. W. F. Hegel,* Grundlinien der Philosophie des Rechts. 4. Auflage. Hamburg 1955, S. 173 f.

(107) *G. W. F. Hegel,* Phänomenologie des Geistes. 6. Auflage. Hamburg 1952, S. 141/50.

(108) Einen Teil dieser Gedanken zu *Hegels* Dialektik von Herr und Knecht habe ich erstmals veröffentlicht in meinem Aufsatz „Freiheit und Verantwortung des Schaffenden. Gedanken zum 200. Geburtstag von G. W. F. Hegel". In: Mensch und Technik – Veröffentlichungen 1969/70. Düsseldorf 1971.

(109) *F. Engels,* Ludwig Feuerbach und der Ausgang der klassischen deutschen Philosophie. Stuttgart 1888. Hier zitiert nach *G. A. Wetter,* Der dialektische Materialismus. Seine Geschichte und sein System in der Sowjetunion. 5. Auflage. Freiburg 1960, S. 54.

(110) Vgl. *K. Marx,* Das Kapital I, III. Abschnitt, 5. Kapitel, MEW 23, S. 192.

(111) Worte des Vorsitzenden Mao Tse-tung. Peking 1967, S. 238 f.

(112) Unter diesem Titel habe ich einen kleinen Beitrag zum 150. Geburtstag von *F. Engels* veröffentlicht. In: Mensch und Technik. Veröffentlichungen 1969/70. Düsseldorf 1971.

(113) *L. Agoston,* Über das Wesen der Technik. In: Deutsche Zeitschrift für Philosophie, Sonderheft 1965, S. 117/23. Das Zitat findet sich auf S. 120.

Zur Definition der in aller marxistischen Technikphilosophie zentralen Begriffe – z. B. Produktion, Produktionsprozeß, Produktionsinstrumente, Produktionsmittel, Produktionsverhältnisse, Produktivkräfte, Produktionsweise – sei auf das „Philosophische Wörterbuch" von *G. Klaus* und *M. Buhr* (Berlin, verschiedene Auflagen) verwiesen.

Der Forschungsstand zur Philosophie der Technik bis zum Jahre 1965 findet sich im Sonderheft 1965 der Deutschen Zeitschrift für Philosophie, das die Materialien des Kongresses von April 1965 in Berlin enthält. Kongreß und Sonderheft stehen unter der Überschrift „Die marxistisch-leninistische Philosophie und die technische Revolution". – Die gleiche Zeitschrift hat zum XV. Weltkongreß für Philosophie 1973 in Varna ein weiteres Sonderheft herausgegeben unter dem Titel „Mensch, Wissenschaft und Technik im Sozialismus". – Die sechs Bände der „Proceedings of the XVth World Congress of Philosophy" (Sofia 1973–1975) enthalten mehrere Beiträge mit marxistischer Tendenz. – Von der Prager Akademie wurde in Zusammenarbeit mit der Akademie der Wissenschaften in der Sowjetunion ebenfalls zum Kongreß in Varna ein wichtiges Werk herausgegeben unter dem Titel: Man, Science, Technology. A Marxist Analysis of the Scientific-Technological Revolution. Moscow-Prague 1973. – Unter fast dem gleichen Titel hat die Bulgarische Akademie der Wissenschaften einen Beitrag zum Kongreß veröffentlicht, der interessante Aufsätze enthält, aber nicht so streng am Thema bleibt, sondern eher den bulgarischen Philosophen ein internationales Forum bieten sollte: Science, Technology, Man. Sofia 1973. – Die russische Akademie der Wissenschaften hat in Deutsch, Englisch und Französisch ebenfalls einen Sonderband in zwei Heften herausgebracht: Mensch, Wissenschaft, Technik. Moskau 1973.

Zur Einführung in die Grundlagen marxistischen Denkens über die Technik empfehlen sich folgende Werke:

A. A. Sworykin/N. I. Osmowa/W. I. Tschernyschew/S. W. Schuchardin, Geschichte der Technik. Leipzig 1964; *S. W. Schuchardin,* Grundlagen der Geschichte der Technik. Leipzig 1963.

K. Tessmann, Probleme der technisch-wissenschaftlichen Revolution. Berlin 1962;

A. A. Kusin, Karl Marx und Probleme der Technik. Leipzig 1970;

N. N. Stoskowa, Friedrich Engels über die Technik. Leipzig 1971;

I. Ullrich, Die politisch-ideologischen Funktionen der vom VDI verbreiteten Auffassungen über die Entwicklung der Technik und ihre Rolle als Faktor des gesellschaftlichen Lebens (Dissertation). Karl-Marx-Stadt 1969;

G. Bohring, Technik im Kampf der Weltanschauungen. Ein Beitrag zur Auseinandersetzung der marxistisch-leninistischen Philosophie mit der bürgerlichen „Philosophie der Technik". Berlin 1976;

S. Wollgast/G. Banse, Philosophie und Technik. Zur Geschichte und Kritik, zu den Voraussetzungen und Funktionen bürgerlicher „Technikphilosophie". Berlin 1979;

G. Kovács/S. Wollgast (Hrsg.), Technikphilosophie in Vergangenheit und Gegenwart. Berlin 1984.

(114) *K. Marx,* Ökonomisch-philosophische Manuskripte (1844). MEW Ergänzungsband, Schriften bis 1844, Erster Teil. Berlin 1981, S. 546.

(115) Vgl. *P. Petrović,* Philosophie und Revolution. Modelle für eine Marx-Interpretation. Mit Quellentexten. Reinbek 1971, S. 284 f., S. 288.

(116) Eine ausgezeichnete umfassende Darstellung bietet der Aufsatz von *S. Krämer-Friedrich,* Zur Entwicklung der Konzeption „wissenschaftlich-technische Revolution" in der DDR-Theorie. In: Deutschland-Archiv 9. Jg. 1976 (Sonderheft „Wissenschaftlich-technische Revolution und industrielle Arbeitswelt"), S. 53/74.

(117) *H. Hörz,* Wissenschaftlich-technischer Fortschritt und sozialistischer Humanismus. In: Deutsche Zeitschrift für Philosophie 29 (1981) H. 3–4, S. 343/56; das Zitat findet sich auf S. 354.

(118) *K. Tuchel,* Herausforderung der Technik. Gesellschaftliche Voraussetzungen und Wirkungen der technischen Entwicklung. Bremen 1967, S. 24.

(119) Diese Diskussionsbeiträge sind in der VDI-Zeitschrift 104 (1962) Nr. 15 veröffentlicht und in großer Auflage als Sonderdrucke von der VDI-Hauptgruppe Mensch und Technik verbreitet worden unter dem Titel: Der Begriff Technik. Vorträge von Eugen Fink, Arnold Gehlen, Walther Helberg und Paul Wilpert. Düsseldorf 1962.

(120) Sonderdruck (vgl. Anm. 119), S. 1.

(121) Ebd. S. 2.

(122) Ebd. S. 2.

(123) Ebd. S. 7 f.

(124) Ebd. S. 17.

(125) Ebd. S. 17.

(126) Ebd. S. 20.

(127) Das vorstehende Zitat sowie die folgenden Gedanken sind einem undatierten hektografierten Diskussionsbeitrag von *P. Koeßler* für den Ausschuß „Philosophie und Technik" des Vereins Deutscher Ingenieure entnommen („Beitrag zur Definition ‚Technik' aus der Sicht des Ingenieurs II") (1964).

(128) *K. H. Manegold,* Technische Forschung und Promotionsrecht. In: Technikgeschichte 36 (1969) Heft 4, S. 291/300. Das Zitat steht auf S. 292. Auch die folgenden Absätze fußen auf den Mitteilungen dieses Beitrages.

(129) Vgl. *Th. Litt,* Das Bildungsideal der deutschen Klassik und die moderne Arbeitswelt. Bonn 1955, S. 13. Vgl. dazu den Beitrag von *H.-R. Spiegel,* Technik als Bildungselement und Bildungsinstrument. In: *A. Huning/H.-R. Spiegel,* Mensch und Technik. Die Bewältigung der Technik als Aufgabe (als Manuskript vervielfältigt). Düsseldorf 1971, S. 34/56. Vgl. besonders S. 39 f.

(130) Hier wurde die deutsche Ausgabe benutzt: *C. P. Snow,* Die zwei Kulturen. Literarische und naturwissenschaftliche Intelligenz. Stuttgart 1967.

(131) So faßt *H. Kreuzer* die These *C. P. Snows* zusammen in der Einleitung des von ihm unter Mitarbeit von *W. Klein* herausgegebenen Buches: Literarische und naturwissenschaftliche Intelligenz. Dialog über die „zwei Kulturen". Stuttgart 1969, S. 7.

(132) Ebd. S. 7.

(133) *C. P. Snow,* Die zwei Kulturen. Literarische und naturwissenschaftliche Intelligenz. Stuttgart 1967, S. 16 f.

(134) Ebd. S. 28 f.

(135) Ebd. S. 41.

(136) Ebd. S. 53 f.

(137) *H. Mohr,* Wissenschaft und Bildung. Stellungnahme eines Naturwissenschaftlers zu den Thesen von C. P. Snow. In: *H. Kreuzer/ W. Klein* (Hrsg.), Literarische und naturwissenschaftliche Intelligenz. Dialog über die „zwei Kulturen". Stuttgart 1969, S. 155/78. Das Zitat steht auf S. 156.

(138) Vgl. ebd. S. 157.

(139) Vgl. hierzu auch *H.-J. Heydorn,* Zu einer Neufassung des Bildungsbegriffs. Frankfurt 1972; *K. Korn,* Gegen blinde Unterwerfung. Professor Heydorn über das klassische Modell. In: Frankfurter Allgemeine Zeitung 57/1971, S. 20.

(140) Diese Richtlinien wurden beschlossen auf der Reichstagung der deutschen Technik zu Eisenach 1919 und auf der 10. Bundesversammlung zu Berlin 1925. Sie sind hier auszugsweise wiedergegeben nach dem Abdruck auf der dritten Umschlagseite von Heft 1 der „Schriften des Reichsbundes Deutscher Technik". Berlin 1926.

(141) Diese Stellungnahme wurde von der VDI-Hauptgruppe Ingenieurausbildung unter dem Datum vom 9. März 1972 abgegeben und bezog sich auf den Entwurf vom 2. Juli 1971.

(142) Diese Vereinbarung wurde von der Ständigen Konferenz der Kultusminister in der Bundesrepublik Deutschland am 7. Juli 1972 getroffen. Aus ihr stammen auch die Zitate des folgenden Abschnittes.

(143) Unter diesem Titel hat *H. Roth* als Obmann des Ausschusses „Pädagogik und Technik" des Vereins Deutscher Ingenieure (Hannover 1965) einen vielbeachteten Sammelband mit Vorträgen und Aufsätzen veröffentlicht. Vgl. ferner: *W. E. Traebert/H.-R. Spiegel* (Hrsg.), Technik als Schulfach. Zielsetzung und Situation des Technikunterrichts an allgemeinbildenden Schulen. Düsseldorf 1976; *K. Helling,* Auswahlkriterien für Lehr- und Lerninhalte des Technikunterrichts unter besonderer Berücksichtigung des Sachunterrichts der Grundschule (Dissertation PH Rheinland, Abt. Neuss, 1975); *R. van Gyseghem,* Das Wesen der Technik des Menschen als Gegenstand der Technikphilosophie und als Problem einer Didaktik der Technik. Frankfurt a. M., Bern, Las Vegas 1978.

(144) Mit diesen Sätzen schließt *H. Roth* seinen Beitrag „Technik als Element der Bildung. Eine Gegenklage" in dem von ihm herausgegebenen Sammelband (vgl. Anm. 143), S. 13/32.

(145) Besonders wichtig sind die beiden Beiträge von *G. Ropohl:* Gesellschaftliche Perspektiven und theoretische Voraussetzungen einer technologischen Aufklärung. In: *H. Lenk* (Hrsg.), Technokratie als Ideologie. Sozialphilosophische Beiträge zu einem politischen Dilemma. Stuttgart 1973, S. 223/33 (vgl. besonders S. 228); Prolegomena zu einem neuen Entwurf der allgemeinen Technologie. In: *H. Lenk/ S. Moser* (Hrsg.), Techne, Technik, Technologie. Philosophische Perspektiven. Pullach bei München 1973, S. 152/72.

(146) Vgl. *G. Ropohl,* Gesellschaftliche Perspektiven und theoretische Voraussetzungen einer technologischen Aufklärung. (Vgl. Anm. 145), S. 228 f. – Inzwischen hat *G. Ropohl* diese Ansätze zu einer umfassenden Darstellung gebracht in seiner Habilitationsschrift: *G. Ropohl,* Eine Systemtheorie der Technik. Zur Grundlegung der Allgemeinen Technologie. München, Wien 1979.

(147) Eine knappe Einführung in die in Ostdeutschland hierzu vorliegende Literatur bietet der Aufsatz von *H. Eigler,* Begriffsbestimmungen der Wissenschaft Technologie als Abbild des Differenzierungs- und Integrationsprozesses bei der Wissenschaftsentwicklung. In: Die Technik 28 (1973) Heft 4, S. 262/65.

(148) *J. Beckmann,* Anleitung zur Technologie. 2. Auflage. Göttingen 1780, S. 17. Vgl. das genaue Zitat oben S. 9 f. und Anm. 15.

(149) *G. Ropohl,* Prolegomena zu einem neuen Entwurf der allgemeinen Technologie . . (vgl. Anm. 145) Pullach bei München 1973, S. 153.

(150) Ebd. 158.

(151) Zitiert nach einer Arbeitsunterlage, die am 12. 5. 1969 vom VDI-Ausschuß „Sprache und Technik" und am 17. 10. 1969 vom VDI-

Ausschuß „Philosophie und Technik" diskutiert wurde; ihr lagen briefliche Äußerungen zu einer Umfrage zugrunde.

(152) *G. Ropohl,* Prolegomena zu einem neuen Entwurf der allgemeinen Technologie . . . (vgl. Anm. 145) Pullach bei München 1973, S. 165.

(153) Vgl. ebd. S. 170 ff. – Vgl. hierzu auch den Beitrag von *U. Niederwemmer,* Programmatische Skizze für eine Sozialphilosophie der Technik, im gleichen von *H. Lenk* und *S. Moser* herausgegebenen Sammelband (vgl. Anm. 145), S. 173/97.

(154) Dieser Vortrag wurde auf einer Sitzung des VDI-Ausschusses „Philosophie und Technik" am 28. 4. 1966 in Karlsruhe gehalten und ist nur maschinenschriftlich vervielfältigt worden. Ähnliche Gedanken legte *K. Hübner* vor in seinem Aufsatz „Von der Intentionalität der modernen Technik". In: Sprache im technischen Zeitalter 25/1968, S. 27/48. – Die Literatur zur Kybernetik ist seit ihrer Namensgebung durch *N. Wiener* im Jahre 1948 so angewachsen, daß auch nur eine Übersicht den Rahmen dieser Anmerkung sprengen müßte. Zur ersten Information sei verwiesen auf den Artikel „Kybernetik" im „Philosophischen Wörterbuch" von *G. Klaus* und *M. Buhr.*

(155) Bei dieser Systematisierung schließe ich mich an den Artikel im „Philosophischen Wörterbuch" von *G. Klaus* und *M. Buhr* an. – Philosophische Perspektiven der Kybernetik zeigt besonders das Buch von *G. Klaus,* Kybernetik und Erkenntnistheorie. Berlin 1967. – Vgl. auch *G. Klaus,* Kybernetik – eine neue Universalphilosophie der Gesellschaft. Frankfurt/M. 1973.

(156) Die Vervollkommnung der Automatisierung durch die Entwicklung der Kybernetik wird besonders deutlich im Beitrag von *H. G. Schachtschabel,* Probleme der Automation. Beilage zur Wochenzeitung „Das Parlament" B 23/65 vom 9. Juni 1965.

(157) Um die theoretische Grundlegung dieses Aspekts hat sich in den letzten Jahren besonders *G. Ropohl* verdient gemacht; wichtig sind vor allem seine „Einleitung in die Systemtechnik" in dem von ihm herausgegebenen Band „Systemtechnik – Grundlagen und Anwendung". München 1975, S. 1/77, sowie die in Anm. 146 genannte Habilitationsschrift.

(158) Eine sehr gut kommentierte Literaturübersicht liegt vor in Text und Anmerkungen der kleinen Schrift von *G. König,* Was heißt Wissenschaftstheorie? Düsseldorf 1971. Besonders im Blick auf wissenschaftstheoretische Bemühungen um die Technik ist hinzuziehen der Sammelband von *H. Lenk* (Hrsg.), Neue Aspekte der Wissenschaftstheorie. Braunschweig 1971. – Aus den Arbeiten des VDI-Ausschusses „Philosophie und Technik" sind besonders folgende Beiträge zu nennen: *H. Rumpf,* Gedanken zur Wissenschaftstheorie der Technik-

Wissenschaften. In: Mensch und Technik – Veröffentlichungen 1967/68. Düsseldorf 1969; *R. W. Goering,* Wissenschaft schafft Wissen – Technik schafft Wirkung. Zur Wissenschaftstheorie der Technik-Wissenschaft. In: Mensch und Technik – Veröffentlichungen 1969/70. Düsseldorf 1971; *A. Huning,* Technik: Wissenschaft oder Handwerk. Wissenschaftstheorie der Technik als Aufgabe. In: Mensch und Technik – Veröffentlichungen 1969/70. Düsseldorf 1971.

(159) Vgl. *C. Schietzel,* Technik, Natur und exakte Wissenschaft. Teil I: Die Theorie. Hamburg-Braunschweig 1968, S. 62.

(160) Nach einer Äußerung von *K. Steinbuch* auf einer Sitzung des VDI-Ausschusses „Philosophie und Technik"; vgl. *R. W. Goering,* Wissenschaft schafft Wissen – Technik schafft Wirkung. Zur Wissenschaftstheorie der Technik-Wissenschaft. In: Mensch und Technik – Veröffentlichungen 1969/70. Düsseldorf 1971.

(161) *R. Eisler,* Wörterbuch der philosophischen Begriffe. Berlin 1930, III. Band, Artikel „Wissenschaftslehre", S. 625 f.

(162) Vgl. *Aristoteles,* Metaphysik IV, 1003 B 12–20, und Analytica Posteriora I, 87 A 38.

(163) *H. Rumpf,* Gedanken zur Wissenschaftstheorie der Technik-Wissenschaften. In: Mensch und Technik – Veröffentlichungen 1967/68. Düsseldorf 1969, S. 6.

(164) Vgl. hierzu den durch seine Klarheit beeindruckenden Vortrag von *H. Blenke,* Zur Synthese von Wissenschaft und Technik. In: Mitteilungen der Deutschen Forschungsgemeinschaft. Oktober 1966, S. 2/26.

(165) Ebd. S. 14.

(166) *H. Seickert,* Zur produktiven Funktion der Wissenschaft im Sozialismus. In: Die Technik 26 (1971) Heft 4, S. 239/42; das Zitat steht auf S. 241. – Vgl. ferner als Beispiel *E. Jobst,* Der Marxismus-Leninismus als weltanschauliche und methodologische Grundlage der modernen technischen Wissenschaft. In: Wissenschaftliche Zeitschrift der TH Karl-Marx-Stadt XII (1970) Heft 2, S. 159/71.

(167) Vgl. *H. Eigler,* Begriffsbestimmungen der Wissenschaft Technologie als Abbild des Differenzierungs- und Integrationsprozesses bei der Wissenschaftsentwicklung. In: Die Technik 28 (1973) Heft 4, S. 262/65. – Vgl. ferner *E. Jobst,* Philosophische Probleme des Wechselverhältnisses von technischer Wissenschaft und Naturwissenschaft. In: Wissenschaftliche Zeitschrift der TH Karl-Marx-Stadt IX (1967) Heft 1/2, S. 81/92.

(168) Vgl. hierzu *S. J. Schmidt,* Forschungsvorhaben und Forschungsprobleme der philosophischen Wissenschaftstheorie. In: Beiträge zum mathematisch-naturwissenschaftlichen Unterricht. Heft 16, April 1969, S. 3/14; vgl. besonders S. 4.

(169) Nach einem Katalog, der vom VDI-Ausschuß „Ziele der Ingenieurausbildung" erarbeitet wurde. Vgl. dazu *R. W. Peters/M. Polke,* Verfahren zur Objektivierung der Studienreform. Düsseldorf 1971; vgl. besonders S. 22 f. – Vgl. ferner *R. W. Peters/M. Polke,* Beruf und Ausbildung der Ingenieure. Eine empirische Untersuchung. Zweiter Zwischenbericht über die Arbeit des VDI-Ausschusses „Ziele der Ingenieurausbildung". Düsseldorf 1973; vgl. besonders S. 24; Verein Deutscher Ingenieure (Hrsg.), Studium der Technik – Ingenieure von morgen. Düsseldorf 1971; *A. Huning* (Hrsg.), Ingenieurausbildung und soziale Verantwortung. Düsseldorf-Pullach/München 1974. – Vgl. auch *G. Fragnière/B. Sellin,* Der Ingenieur in der Europäischen Gemeinschaft. Soziales Selbstbild, Beruf und Ausbildung. Hannover 1972; *H. Hillmer, R. W. Peters, M. Polke,* Studium, Beruf und Qualifikation der Ingenieure. Empirische Analyse zur tätigkeitsorientierten Ingenieurausbildung. Düsseldorf 1976.

(170) Wertvolle Beiträge zur Erkenntnistheorie und Methodologie der Technik u. a. von *M. Bunge, J. Agassi, H. Skolimowski* finden sich in Heft 3, Vol. VII (1966) der Zeitschrift „Technology and Culture"; diese Ausgabe steht unter der Überschrift „Toward a Philosophy of Technology". – Auf dem XV. Weltkongreß für Philosophie in Varna wurden ebenfalls einige Vorträge zu methodologischen Fragen der Technik gehalten, die im 2. Band der „Proceedings" abgedruckt sind; besonders hinzuweisen ist auf die Beiträge von *G. Kröber* (S. 91/94), *F. Rapp* (S. 109/12) und *P. Wittich* (S. 137/39). – Einen Teil der folgenden Gedanken habe ich in einem früheren Aufsatz veröffentlicht: Erfahrungsbezogene Wissenschaften. Zur Methode der Naturwissenschaften und der Technik. In: Mensch und Technik – Veröffentlichungen 1969/70. Düsseldorf 1971. Viele Anregungen hierzu verdanke ich den Vorlesungen von *P. Borgmann* über „Probleme der Naturphilosophie" und über „Erkenntnistheorie".

(171) *R. Eisler,* Wörterbuch der philosophischen Begriffe. Berlin 1929. II. Band, Artikel „Methodologie", S. 144.

(172) Ebd. Artikel „Methode", S. 141.

(173) *G. Klaus/M. Buhr,* Philosophisches Wörterbuch. Berlin (verschiedene Auflagen), Artikel „Methode", S. 352.

(174) Zu dieser Feststellung kommt auch *H. Rumpf* in seinem Beitrag „Gedanken zur Wissenschaftstheorie der Technik-Wissenschaften".

In: Mensch und Technik – Veröffentlichungen 1967/68. Düsseldorf 1969; vgl. S. 8.

(175) Notwendige Sätze über Sachverhalte, die selbst durch Notwendigkeit charakterisiert sind.

(176) Das ist festzuhalten, etwa gegenüber *Popper*, der am Ausgangspunkt jeder wissenschaftlichen Erkenntnis eine – wie auch immer entwickelte – Theorie sieht; vgl. *K. R. Popper*, Logik der Forschung. 3. Auflage. Tübingen 1969.

Ein Beispiel für die Bedeutung des Experiments hat *W. Nestel* auf der Jahrestagung 1971 der Studiengesellschaft für die Geschichte von Rundfunk und Fernsehen in einem bisher meines Wissens noch unveröffentlichten Vortrag über die „Geschichte des Kurzwellenfunks in Deutschland" gegeben. Nur durch Experimentieren ließ sich herausfinden, daß für bestimmte Nachtzeiten die 49-Meter-Welle für den Empfang des deutschen Kurzwellensenders in den USA günstiger gewesen wäre als die zunächst allein benutzte 31-Meter-Welle; zu bestimmten Tageszeiten wären die 25-Meter-Welle und die 19-Meter-Welle wiederum vorteilhafter gewesen. – Es scheint allerdings, daß hier zwar durch Probieren das Resultat gefunden wurde, das – wenn auch mit erheblich höherem Aufwand – unter Einbeziehung aller empirischen Daten ebenso hätte „errechnet" werden können.

(177) Vgl. hierzu *W. G. Rodenacker*, Wissenschaftstheoretische Überlegungen zur Konstruktionsmethodik. In: Feinwerktechnik + micronic 77 (1973) Heft 1, S. 1/7.

(178) Dem wissenschaftstheoretisch besonders Interessierten bietet sich zur Vertiefung dieser Methodenuntersuchung das doppelbändige Werk von *W. Stegmüller*, Probleme und Resultate der Wissenschaftstheorie und der Analytischen Philosophie. Berlin-Heidelberg-New York, Band I 1969, Band II 1971. – Eine Zusammenstellung wichtiger Literatur zum Induktionsproblem findet sich bei *I. Lakatos* in seinem Aufsatz „Popper zum Abgrenzungs- und Induktionsproblem", in: *H. Lenk* (Hrsg.), Neue Aspekte der Wissenschaftstheorie. Braunschweig 1971, S. 75/110. – Vgl. ferner *H. Lenk*, Erklärung, Prognose, Planung. Skizzen zu Brennpunktproblemen der Wissenschaftstheorie. Freiburg 1972.

(179) Vgl. hierzu *A. E. Ott*, Zur ökonomischen Theorie des technischen Fortschritts. In: Verein Deutscher Ingenieure (Hrsg.), Wirtschaftliche und gesellschaftliche Auswirkungen des technischen Fortschritts. Düsseldorf 1971, S. 7/28; vgl. besonders S. 8.

(180) Eine Übersicht über die vor allem aus psychologischer und pädagogischer Sicht geschriebene ständig wachsende Literatur zum

Kreativitätsproblem vermittelt das Buch von *G. Ulmann,* Kreativität. Neue amerikanische Ansätze zur Erweiterung des Intelligenzkonzepts. 2. Auflage. Weinheim 1970. – Besonders wertvoll ist ferner die Schrift von *M. Wertheimer,* Produktives Denken. 2. Auflage. Frankfurt 1964. – Auf die konstruktive Ingenieurtätigkeit bezogene Anregungen aus der Kreativitätsforschung bietet *H. Jüptner,* Konstruktionssystematik und kreatives Entwerfen. Zur Konstruktionswissenschaft. In: Fortschritt-Berichte der VDI-Zeitschriften. Reihe 1, Nr. 23, September 1970.

(181) Vgl. *K. H. Flechsig,* Erziehen zur Kreativität In: Einführung in pädagogisches Sehen und Denken. München 1967. Vgl. im gleichen Band den Aufsatz von *W. Metzger,* Kann man schöpferisches Denken üben? (Beide Beiträge sind hier angezogen nach der in Anm. 180 genannten Arbeit von H. Jüptner).

(182) *K. Tuchel,* Herausforderung der Technik. Gesellschaftliche Voraussetzungen und Wirkungen der technischen Entwicklung. Bremen 1967, S. 25 f.

(183) Die folgenden Definitionen und Beschreibungen sind nach einem Sonderabdruck der „Empfehlungen für Begriffe und Bezeichnungen im Konstruktionsbereich" zitiert, die erschienen sind in der Zeitschrift „Konstruktion" 18 (1966), Heft 9, S. 390 f.

(184) Benutzt wurde der Entwurf der Richtlinie 2222 Blatt 1, „Konstruktionsmethodik. Konzipieren technischer Produkte" aus dem Jahre 1973.

(185) Ebd. S. 8.

(186) Ebd. S. 9.

(187) Die Entwicklung der Konstruktionslehre läßt sich gut an drei Werken ablesen:

a) *F. Kesselring,* Technische Kompositionslehre. Berlin 1954;

b) *F. Hansen,* Konstruktionssystematik. 2. Auflage, Berlin 1966;

c) *W. G. Rodenacker,* Methodisches Konstruieren. Berlin 1970.

Vgl. hierzu ferner *W. Pfeiffer,* Allgemeine Theorie der technischen Entwicklung als Grundlage einer Planung und Prognose des technischen Fortschritts. Göttingen 1971; *W. Pfeiffer/E. Staudt,* Das kreative Element in der technologischen Voraussage. Methodische Ansätze zu seiner Bewältigung. In: Zeitschrift für Betriebswirtschaft 42 (1972) 853/70; *J. Müller,* Operationen und Verfahren des problemlösenden Denkens in der konstruktiven technischen Entwicklungsarbeit – eine methodologische Studie. In: Wissenschaftliche Zeitschrift der TH Karl-Marx-Stadt IX (1967) Heft 1/2, S. 5/51.

(188) *J. Müller,* Operationen und Verfahren des problemlösenden Denkens . . . (vgl. Anm. 187), S. 7.

(189) Vgl. ebd. S. 11 f.

(190) Vgl. ebd. S. 13.

(191) Ebd. S. 46.

(192) Ebd. S. 67.

(193) Vgl. *K. Tuchel,* Herausforderung der Technik. Gesellschaftliche Voraussetzungen und Wirkungen der technischen Entwicklung. Bremen 1967, S. 25

(194) *H. Stachowiak,* Grundriß einer Planungstheorie. In: Kommunikation. Zeitschrift für Planung und Organisation 6 (1970) Heft 1, S. 1/18; vgl. S. 1. – Vgl. zu diesem Abschnitt besonders die weiteren Arbeiten von *H. Stachowiak,* z. B. „Gedanken zu einer allgemeinen Theorie der Modelle". In: Studium Generale 18 (1965) Heft 7, S. 432/63; und seine Bücher „Denken und Erkennen im kybernetischen Modell". 2. Auflage, Wien 1969, sowie „Allgemeine Modelltheorie". Wien – New York 1973. – Vgl. hierzu ferner *G. Ropohl,* Prolegomena zu einem neuen Entwurf der allgemeinen Technologie. In: *H. Lenk/S. Moser,* Techne, Technik, Technologie. Philosophische Perspektiven. Pullach bei München 1973, S. 152/72; *U. Niederwemmer,* Programmatische Skizze für eine Sozialphilosophie der Technik. In: *H. Lenk/S. Moser,* Techne, Technik, Technologie. Philosophische Perspektiven. Pullach bei München 1973. S. 173/97.

(195) Vgl. *H. Stachowiak,* Grundriß einer Planungstheorie. In: Kommunikation. Zeitschrift für Planung und Organisation 6 (1970) Heft 1, S. 1/18; vgl. S. 2.

(196) Vgl. ebd. S. 4.

(197) Vgl. ebd. S. 10/13 und *H. Lenk,* Erklärung, Prognose, Planung. Skizzen zu Brennpunktproblemen der Wissenschaftstheorie. Freiburg 1972; vgl. etwa S. 66. – In diesem Zusammenhang dürfte auch eine Auswertung der Arbeiten „kritischer Rationalisten" wie *K. R. Popper* und *H. Albert* lohnen.

(198) *G. Klaus/M. Buhr,* Philosophisches Wörterbuch. Leipzig (verschiedene Auflagen), Artikel „Modell".

(199) Vgl. hierzu *N. Luhmann,* Zweckbegriff und Systemrationalität. Über die Funktion von Zwecken in sozialen Systemen. Tübingen 1968.

(200) Vgl. zum vorstehenden Absatz *H. Stachowiak,* Gedanken zu einer allgemeinen Theorie der Modelle. In: Studium Generale 18 (1965) Heft 7, S. 432/63; vgl. besonders S. 438–440.

(201) Hierzu liegt die Richtlinie VDI 2224 vor mit dem Titel „Formgebung technischer Erzeugnisse. Empfehlung für den Konstrukteur".

(202) Zu den vorstehenden Abschnitten vgl. besonders *A. E. Ott,* Zur ökonomischen Theorie des technischen Fortschritts. In: Verein Deutscher Ingenieure (Hrsg.), Wirtschaftliche und gesellschaftliche Auswirkungen des technischen Fortschritts. Düsseldorf 1971, S. 7/28.

(203) Vgl. etwa *F. Reuter,* Das Sparsamkeitsprinzip in wirtschaftlicher Sicht. In: Das Sparsamkeitsprinzip in Natur, Technik und Wirtschaft. Düsseldorf 1952, S. 39/55; vgl. etwa S. 45.

(204) Vgl. ebd. S. 46/48.

(205) Ebd. S. 51.

(206) Richtlinie VDI 2801 „Wertanalyse".

(207) Ebd.

(208) Richtlinie VDI 2225 „Technisch-wirtschaftliches Konstruieren".

(209) *K. Tuchel,* Zum Verhältnis von Technik und Wirtschaft. In: Die berufsbildende Schule 1965, Heft 10, S. 680/85; das Zitat steht auf S. 681.

(210) Ebd. – Vergl. hierzu jetzt auch die Untersuchung von *U. Bender,* Technik, technischer Fortschritt und sozioökonomische Zusammenhänge bei Friedrich von Gottl-Ottlilienfeld. Frankfurt, Bern, New York 1985.

(211) *De. Meadows/Do. Meadows/E. Zahn/P. Milling,* Die Grenzen des Wachstums. Bericht des Club of Rome zur Lage der Menschheit. Stuttgart 1972.

(212) Vgl. ebd. S. 17.

(213) Vgl. ebd. S. 139 f.

(214) Aus der Diskussion über diesen Bericht sei aus der großen Zahl der Veröffentlichungen hier nur auf folgende hingewiesen: *H. v. Nussbaum* (Hrsg.), Die Zukunft des Wachstums. Kritische Antworten zum „Bericht des Club of Rome". Düsseldorf 1973. – *M. Mesarović/ E. Pestel,* Menschheit am Wendepunkt. Stuttgart 1974. – Auch im Osten wurde diese Studie diskutiert. Ein Beispiel ist etwa der Beitrag von *A. Milejkowski,* Der neue Mythos vom Nullwachstum. In: Sowjetunion heute 18 (1973) Heft 2, S. 14 f.

(215) Persönliche Notiz von einem Vortrag des Löwener Professors *M. H. Gérard* auf einer Tagung des „Comité d'Etudes d'Economie Industrielle" der „Societé Royale Belge des Ingénieurs et des Industriels" in Brüssel 1973.

(216) Vgl. *De. Meadows/Do. Meadows/E. Zahn/P. Milling,* Die Grenzen des Wachstums. Bericht des Club of Rome zur Lage der Menschheit. Stuttgart 1972, S. 117.

(217) Vgl. ebd. S. 132.

(218) Vgl. ebd. S. 174.

(219) Materialien zum Umweltprogramm der Bundesregierung 1971 (Schriftenreihe des Bundesministeriums des Innern, Band 1), Anhang: Umweltprogramm der Bundesregierung, S. 8; vgl. auch S. 12, 14 f., 20/22.

(220) *B. Bartocha,* Lebensqualität in Mark und Pfennig. Technology Assessment – Verfahren zu einer Technologie-Bewertung. In: Umwelt 6/1972, S. 30/34; das Zitat steht auf S. 31. – Eine erweiterte Fassung dieses Beitrages liegt inzwischen vor: *B. Bartocha,* Value Analysis and Environmental Problems. In: *A. Huning* (Hrsg.), Ingenieurausbildung und soziale Verantwortung. Düsseldorf 1974, S. 101/10. – Vgl. im gleichen Band den Beitrag von *K. Oshima,* The Responsibility of Political Institutions and Industry for their Decisions about Technological Aims, S. 157/65. – Vgl. dazu auch *B. Bartocha,* Prognose gesellschaftlicher Konsequenzen von technischen Entwicklungen und deren wissenschaftspolitische Beeinflussung. In: Verein Deutscher Ingenieure (Hrsg.), Wirtschaftliche und gesellschaftliche Auswirkungen des technischen Fortschritts. Düsseldorf 1971, S. 197/217; *R. Huisinga,* Technikfolgenbewertung. Bestandsaufnahme, Kritik, Perspektiven. Frankfurt 1985 (mit reichem Literaturverzeichnis); *F. Rapp/P. T. Durbin* (Hrsg.), Technikphilosophie in der Diskussion. Braunschweig/Wiesbaden 1982 (besonders Teil II: Technikbewertung); *A. Huning,* Technikbewertung. Methoden und Maßstäbe. In: FH Düsseldorf (Hrsg.), Technik – Chance oder Unheil? Düsseldorf 1983, S. 35/63.

(221) Vgl. hierzu den Entwurf für eine VDI-Richtlinie „Empfehlungen zur Technikbewertung"; die ersten Teile dieser Richtlinie sind veröffentlicht in *F. Rapp* (Hrsg.), Ideal und Wirklichkeit der Techniksteuerung. Düsseldorf 1982, S. 186/196. – Vgl. ferner *A. Huning,* Zentrale Werte im technischen Handeln, in: *H. Marhenkel/W. König* (Hrsg.), Technikbewertung Wärmepumpe. Düsseldorf 1985, S. 7/15; *A. Huning,* Ingenieurtätigkeit in ethischer und sozialer Verantwortung, in: Zeitschrift für Vermessungswesen 110 (1985) H. 12, S. 527/535.

(222) Solche Berechnungen werden z. B. unter Leitung von *G. v. Kortzfleisch* an der Universität Mannheim durchgeführt im Rahmen des Projekts „Kybernetische Systemanalysen zur Diagnose und Therapie der Dynamik von sozio-ökonomischen Komplexen".

(223) Zu dieser Problematik vgl. besonders *K. Shrader-Frechette,* Das Quantifizierungsproblem bei der Technikbewertung. In: *F. Rapp/P. T. Durbin* (Hrsg.), Technikphilosophie in der Diskussion. Braunschweig/Wiesbaden 1982, S. 123/138; *K. Shrader-Frechette,* Risk

Analysis and Scientific Method. Methodological and Ethical Problems with Evaluating Societal Hazards. Dordrecht 1985.

(224) Im Februar 1972 hat das Abgeordnetenhaus der USA ein Gesetz verabschiedet, durch das ein Kongreßamt für Technikbewertung (Office of Technology Assessment) eingerichtet wurde. Entsprechend dem deutschen System der Gewaltenteilung, die weniger streng ist als in den USA und fast zu einer Identifikation der Regierungsparteien mit der Exekutive führt, kommen bei uns diese Initiativen fast ausschließlich von Oppositionsseite. – Zum Problem der Institutionalisierung vgl. auch die „Stellungnahme des VDI zur Förderung und Institutionalisierung der Technikbewertung" vom Juni 1983. – In dieser Legislaturperiode hat der Deutsche Bundestag auch eine Enquête-Kommission „Technologiefolgenabschätzung" berufen, deren Resultate auch eine Entscheidung über die Institutionalisierung der Technikbewertung beeinflussen werden.

(225) Hierauf haben *H. Lenk* (vgl. „Erklärung, Prognose, Planung. Skizzen zu Brennprunktproblemen der Wissenschaftstheorie". Freiburg 1972, S. 71) und *G. Ropohl* (vgl. „Einleitung in die Systemtechnik" in: *G. Ropohl* (Hrsg.), Systemtechnik – Grundlagen und Anwendung. München 1975, S. 1/77; vgl. S. 10) hingewiesen. Ich selbst habe den Gedanken wiederholt in einem Lehrgang des VDI-Bildungswerkes „Umweltschutz – Reinhaltung der Luft" unter dem Titel „Wachstumsprognosen und sozio-ökonomische Aspekte des Umweltschutzes" (als Manuskript vervielfältigt) vorgetragen. Neuerdings vertritt ihn auch *A. Kuhlmann* in seinem Buch „Alptraum Technik? Zur Bewertung der Technik unter humanitären und ökonomischen Gesichtspunkten". Köln 1977; vgl. besonders S. 158.

(226) Vgl. *O. K. Flechtheim,* Futurologie. Der Kampf um die Zukunft. Köln 1971; vgl. ferner *O. K. Flechtheim,* Die Problematik des technischen Fortschritts im Lichte der Geschichte. In: Verein Deutscher Ingenieure (Hrsg.), Wirtschaftliche und gesellschaftliche Auswirkungen des technischen Fortschritts. Düsseldorf 1971, S. 101/19.

(227) Vgl. hierzu *O. K. Flechtheim,* Futurologie. Der Kampf um die Zukunft. Köln 1971, S. 16 f.

(228) Vgl. hierzu meinen Beitrag „Die Beziehung zwischen Weizen und Humanität. Hoffnung auf Frieden in der Zukunft. In: Mensch und Technik – Veröffentlichungen 1969/70. Düsseldorf 1971.

(229) *H. Lenk,* „Technokratie" als gesellschaftskritisches Klischee. In: *H. Lenk* (Hrsg.), Technokratie als Ideologie. Sozialphilosophische Beiträge zu einem politischen Dilemma. Stuttgart 1973, S. 9/20; das Zitat steht auf S. 12.

(230) Ebd. S. 10.

(231) Ebd. S. 11.

(232) Vgl. ebd. S. 12/15.

(233) Vgl. hierzu den Beitrag von *U. Niederwemmer,* Versuch einer historisch-systematischen Ortsbestimmung des Technokratie-Gedankens (der Saint-Simonismus). In: *H. Lenk* (Hrsg.), Technokratie als Ideologie. Sozialphilosophische Beiträge zu einem politischen Dilemma. Stuttgart 1973, S. 21/44; vgl. besonders S. 31 und S. 38.

(234) Vgl. ebd. S. 35 f. und S. 41.

(235) *G. Klein,* The Technocrats. Rückblick auf die Technokratie-Bewegung in den USA. In: *H. Lenk* (Hrsg.), Technokratie als Ideologie. Sozialphilosophische Beiträge zu einem politischen Dilemma. Stuttgart 1973, S. 45/57; vgl. besonders S. 48.

(236) Vgl. ebd. S. 47 und S. 53.

(237) *H. Schelsky,* Der Mensch in der wissenschaftlichen Zivilisation. Köln und Opladen 1961. – Vgl. dazu *G. Ropohl,* Zur Technokratie-Diskussion in der Bundesrepublik Deutschland. In: *H. Lenk* (Hrsg.), Technokratie als Ideologie. Sozialphilosophische Beiträge zu einem politischen Dilemma. Stuttgart 1973, S. 58/76.

(238) *H. Schelsky,* Der Mensch in der wissenschaftlichen Zivilisation. Köln und Opladen 1961, S. 5 f.

(239) Ebd. S. 8 f.

(240) Ebd. S. 11.

(241) Vgl. ebd. S. 12 f.

(242) Vgl. ebd. S. 13.

(243) Ebd. S. 16.

(244) Vgl. ebd. S. 16/18 und S. 25.

(245) Ebd. S. 21 f.

(246) Ebd. S. 22.

(247) Vgl. ebd. S. 22 f.

(248) Ebd. S. 23.

(249) Vgl. ebd. S. 24.

(250) Vgl. ebd. S. 24 f.

(251) Vgl. ebd. S. 25.

(252) Vgl. ebd. S. 26/28.

(253) Vgl. ebd. S. 30.

(254) Vgl. ebd. S. 32. – Gegen diese Konvergenztheorie wehrt sich die marxistische Seite heftig; vgl. z. B. *G. Rose,* „Industriegesellschaft" und Konvergenztheorie. Genesis, Strukturen, Funktionen. Berlin 1971.

(255) Vgl. *H. Schelsky,* Der Mensch in der wissenschaftlichen Zivilisation. Köln und Opladen 1961, S. 41.

(256) Vgl. ebd. S. 45.

(257) Vgl. hierzu *D. Senghaas,* Sachzwang und Herrschaft. In: Atomzeitalter 1966, Heft 12, S. 366/70; vgl. besonders S. 367. – Die an *Schelskys* Veröffentlichung anschließende Diskussion wurde vorwiegend in der Zeitschrift „Atomzeitalter" geführt; an ihr beteiligten sich u. a. *H. P. Bahrdt, Chr. von Ferber, D. Senghaas* und *H. Krauch.* Eine Zusammenstellung von Diskussionsstimmen findet sich in dem Buch von *C. Koch/D. Senghaas,* Texte zur Technokratiediskussion. Frankfurt 1970. – Besonderes Interesse verdient auch das Protokoll Nr. 27 (1967) des „Bergedorfer Gesprächskreises zu Fragen der freien industriellen Gesellschaft" mit dem Titel „Beherrschen die Technokraten unsere heutige Gesellschaft? Erfahrungen und Perspektiven". Hamburg 1967. – Wichtig zu diesem Thema sind auch die beiden folgenden Veröffentlichungen:

a) *J. Habermas/N. Luhmann,* Theorie der Gesellschaft oder Sozialtechnologie. – Was leistet die Systemforschung? Frankfurt 1971.

b) *W. R. Glaser,* Soziales und instrumentales Handeln. Probleme der Technologie bei Arnold Gehlen und Jürgen Habermas. Stuttgart 1972.

(258) Zum vorstehenden und zu den beiden folgenden Absätzen vgl. das durch mehrere Aufsätze vorbereitete Buch von *H. Schelsky,* Systemüberwindung, Demokratisierung und Grundsatzkonflikte der Bundesrepublik. 3. Auflage. München 1973. – Eine stark beachtete Kritik an einem dem Buch voraufgehenden Aufsatz *Schelskys* („Mehr Demokratie oder mehr Freiheit?" FAZ vom 20. 1. 1973, S. 17 f.) schrieb *Chr. von Krockow* in der „Zeit" vom 23. 2. 1973: „Mehr Demokratie – weniger Freiheit?"

(259) Vgl. hierzu *H. Lübbe,* Bemerkungen zur aktuellen Technokratie-Diskussion. In: *H. Lenk* (Hrsg.) Technokratie als Ideologie. Sozialphilosophische Beiträge zu einem politischen Dilemma. Stuttgart 1973, S. 94/104. – *D. Senghaas,* Sachzwang und Herrschaft. In: Atomzeitalter 1966, Heft 12, S. 366/70; hier ist verwiesen auf den Aufsatz von *J. Habermas,* Verwissenschaftlichte Politik und öffentliche Meinung. In: *R. Reich* (Hrsg.), Humanität und politische Verantwortung. Zürich 1964, S. 54/73. – Vgl. ferner: Gemeinschaftsausschuß der Technik (GdT) (Hrsg.), Technische Regelwerke – ein Beitrag zur Staatsentlastung. Düsseldorf 1972; *H. Krauch,* Computer-Demokratie. Düsseldorf 1971; *E. Forsthoff,* Der Staat in der Industriegesellschaft. München 1971.

(260) *H. Lenk,* Erklärung, Prognose, Planung. Skizzen zu Brennpunktproblemen der Wissenschaftstheorie. Freiburg 1972; vgl. besonders S. 71.

(261) Eine Illustration dieser Bemerkungen liefern vor allem zwei Bücher:

a) *A. Speer,* Erinnerungen. 7. Auflage. Frankfurt-Berlin 1970; vgl. dazu die Besprechung von *K.-H. Ludwig,* Die wohlreflektierten „Erinnerungen" des Albert Speer. In: Geschichte in Wissenschaft und Unterricht. 1970, Heft 11, S. 695/708.

b) *G. Hortleder,* Das Gesellschaftsbild des Ingenieurs. Zum politischen Verhalten der technischen Intelligenz in Deutschland. Frankfurt 1970; vgl. dazu meine Besprechung „Ein Soziologe sieht die Ingenieure". In: Mensch und Technik. Veröffentlichungen 1969/70. Düsseldorf 1971.

(262) Diese Erkenntnis hat *Mao Tse-tung* („Über die Industrie- und Handelspolitik") 1948 klar ausgesprochen: „Es gibt aber keine Praxis der Menschen, insbesondere keine Praxis einer revolutionären Partei und der revolutionären Volksmassen, die nicht mit dieser oder jener Politik verbunden wäre". Das Zitat ist hier wiedergegeben nach der Ausgabe der „Worte des Vorsitzenden Mao Tse-tung", Peking 1967, S. 7.

(263) Davon zeugen u. a. die Arbeiten der VDI-Hauptgruppe Mensch und Technik sowie zahlreiche Vorträge auf VDI-Sonderveranstaltungen und Ingenieurtagen, die über die Publikationen des VDI-Verlages weite Verbreitung fanden. Hier sei vor allem auf zwei Buchveröffentlichungen hingewiesen:

a) Verein Deutscher Ingenieure (Hrsg.), Wirtschaftliche und gesellschaftliche Auswirkungen des technischen Fortschrittes. Düsseldorf 1971.

b) *A. Huning* (Hrsg.), Ingenieurausbildung und soziale Verantwortung. Düsseldorf-Pullach/München 1974.

Vgl. ferner u. a. *H. H. Hahn,* Der Ingenieur von morgen. In: VDI-Zeitschrift 113 (1971) Nr. 4, S. 233/37; *K. Steinbuch,* Die technische Intelligenz als politische Kraft. In: Mensch und Technik – Veröffentlichungen 1971/72. Düsseldorf 1974; *W. Ludewig,* Aspekte der gesellschaftspolitischen Arbeit des VDI. In: VDI-Nachrichten 26 (1972) Nr. 26.

(264) Vgl. hierzu besonders *J. Habermas,* Können komplexe Gesellschaften eine vernünftige Identität ausbilden. In: *J. Habermas/D. Henrich,* Zwei Reden. Frankfurt a. M. 1974, S. 23/84; vgl. etwa S. 66. Ferner: *J. Habermas,* Technik und Wissenschaft als ‚Ideologie'. Frankfurt a. M. 1968; vgl. bes. S. 112/14.

(265) Für die Formulierung dieser Thesen verdanke ich manche Anregung den Gesprächen mit dem früheren Geschäftsführer und späteren Vorsitzenden der VDI-Hauptgruppe Mensch und Technik *K. Tuchel* und mit dem wissenschaftlichen Mitarbeiter dieser VDI-Hauptgruppe *H.-R. Spiegel.*

(266) Dieser Gedanke ist zentral in dem Aufsatz von *H. Lübbe,* Nichttechnische Disziplinen in der Vorbereitung auf die gesellschaftliche Verantwortung des Ingenieurs. Ein skeptisches Kapitel zum Theorie-Praxis-Thema. In: *A. Huning* (Hrsg.), Ingenieurausbildung und soziale Verantwortung. Düsseldorf – Pullach/München 1974, S. 177/89; vgl. dazu im gleichen Sammelband vor allem die Diskussionsbemerkungen von *G. Petrović,* S. 207/10.

(267) Als Beispiel sei erwähnt, daß der Verein Deutscher Ingenieure einen Ausschuß eingesetzt hat, der eine Richtlinie „Technikbewertung" erarbeiten soll; der erste Teil, der „Begriffsbestimmungen" enthält, wurde auf der VDI-Tagung „Maßstäbe der Technikbewertung" (die Beiträge sind von *G. Ropohl* als Buch veröffentlicht) im November 1977 vorgestellt. – Ein weiteres Beispiel ist das von der Stiftung Volkswagenwerk ermöglichte Projekt „Analyse technischer Normen und Richtlinien hinsichtlich der Berücksichtigung außertechnischer Ziele und Werte", das unter Leitung von *G. Ropohl* von *W. Schuchardt* im Verein Deutscher Ingenieure bearbeitet wurde. Das Ergebnis ist veröffentlicht in: *G. Ropohl/W. Schuchardt/H. Lauruschkat,* Technische Regeln und Lebensqualität. Düsseldorf 1984.

(268) Einen Teil der folgenden Gedanken habe ich bereits veröffentlicht in meinem Aufsatz „Menschheitsziele und technischer Fortschritt". In: Techniken der Zukunft 3/1971, S. 11/14. Vgl. auch meinen Beitrag „Technisches Handeln unter ethisch-gesellschaftspolitischem Anspruch, in: *A. J. Buch/J. Splett* (Hrsg.), Wissenschaft – Technik – Humanität. Beiträge zu einer konkreten Ethik. Frankfurt 1982, S. 80/98.

(269) Vgl. hierzu *K. Steinbuch,* Mensch, Technik, Zukunft. Basiswissen für die Probleme von morgen. Stuttgart 1971; vgl. besonders S. 339/45 (mit Literaturhinweisen); – *K. Tuchel,* Wissenschaftliche Erkenntnisse und technische Fortschritte in metaökonomischen Wertordnungen. In: Verein Deutscher Ingenieure (Hrsg.), Wirtschaftliche und gesellschaftliche Auswirkungen des technischen Fortschrittes. Düsseldorf 1971, S. 121/38.

(270) Vgl. *K. Tuchel* ebd. S. 130 mit den Verweisen auf *K. R. Popper* (Logik der Forschung. 3. Auflage. Tübingen 1969) und *H. Albert* (Traktat über kritische Vernunft. 2. Auflage. Tübingen 1969).

(271) Vgl. dazu den Übersichts- und Berichtsband: Harvard University Program on Technology and Society 1964–1972. A. Final Review. Cambridge, Mass. 1972.

(272) Zitiert aus Erläuterungen zum Projekt „Kybernetische Systemanalysen zur Diagnose und zur Therapie der Dynamik von sozio-ökonomischen Prozessen", das an der Universität Mannheim unter Leitung von *G. v. Kortzfleisch* (Mitglied des Club of Rome) durchgeführt wird. Auch die Ausführungen des folgenden Absatzes verdanke ich Hinweisen auf dieses Projekt. – In diesem Zusammenhang verdient auch ein Projekt Aufmerksamkeit, das am Karlsruher Institut für Systemtechnik und Innovationsforschung durchgeführt wird und in einem ersten Bericht vorgestellt wird von *H. H. Bossel/B. B. Hughes,* Simulation of Value-Controlled Decision-Making: Approach and Prototype. Karlsruhe 1973.

(273) Eine leicht verständliche Einführung in den Operationalismus, die auch ethische Fragestellungen berücksichtigt, liegt vor in dem Werk von *A. Rapoport,* Philosophie heute und morgen. Einführung ins operationale Denken. Darmstadt (1970); vgl. dazu meine Besprechung „Erfahrung als Prüfstein. Zu einer Einführung in das operationale Denken". In: VDI-Nachrichten Nr. 48 vom 1. 12. 1971, S. 25.

(274) Diese Charta ist mit anderen wichtigen Texten veröffentlicht von der Deutschen UNESCO-Kommission unter dem Titel „Vereinte Nationen, UNESCO, Menschenrechte. Texte. 3. Auflage. Köln 1972. – Vgl. dazu meinen Beitrag „Technik und Menschenrechte", in: *F. Rapp/P. T. Durbin* (Hrsg.), Technikphilosophie in der Diskussion. Braunschweig/Wiesbaden 1982, S. 29/40.

(275) Vgl. hierzu *H. Mohr,* Wissenschaft und menschliche Existenz. Vorlesungen über Struktur und Bedeutung der Wissenschaft. 2. Auflage. Freiburg 1970; *H. Mohr,* Die modernen Naturwissenschaften und das Menschenbild der Wissenschaft. In: Umschau 1966, Heft 9, S. 273/79. Diesem Aufsatz ist auch der folgende Hinweis auf sittliche Forderungen entlehnt; vgl. S. 278.

(276) Vgl. dazu *F. Lienemann,* Die vielwegige Gesellschaft. In: Umschau 71 (1971) Heft 22 vom 28. 10. 1971, S. 811/14.

(277) Vgl. die Bemerkungen zu *P. Wust* oben S. 33/35.

(278) *P. Wust,* Gesammelte Werke, Band II. Münster 1964, S. 215. *Wusts* Mahnung zur Besinnung auf die Pietät ist auch von *G. Marcel* immer wieder unter ausdrücklichem Hinweis auf *Wust* erhoben worden. *Marcel* hat sogar eine kleine Arbeit über den „Begriff der Pietät bei Peter Wust" verfaßt (in: *G. Marcel,* Das große Erbe. Tradition, Dankbarkeit, Pietät. Münster 1952, S. 47/86), die leider nur wenig Beachtung gefunden hat.

(279) Vgl. dazu *H. Stork,* Einführung in die Philosophie der Technik. Darmstadt 1977, S. 180/85; vgl. ferner „Natur und Natürlichkeit" (Dokumente der Paulus-Gesellschaft, Band X). München 1968.

(280) Vgl. u. a. *P. Wust,* Gesammelte Werke. Band II. Münster 1964, S. 356; Band VI. Münster 1966, S. 32; Band IX. Münster 1967, S. 219 und 505.

(281) Zu ethischen Problemen der Technik vgl. außerdem u. a. *H. Sachsse,* Technik und Verantwortung. Probleme der Ethik im technischen Zeitalter. Freiburg 1972; *W. Schulz,* Philosophie in der veränderten Welt. Pfullingen 1972; vgl. besonders den 5. Teil: „Verantwortung", S. 629/840. – Auch in Werken über Technik aus religiöser Perspektive findet sich mancher wertvolle Hinweis. Vgl. z. B. *G. Howe,* Gott und die Technik. Die Verantwortung der Christenheit für die wissenschaftlich-technische Welt. Hamburg-Zürich 1971; *H.-R. Müller-Schwefe,* Technik und Glaube. Eine permanente Herausforderung. Göttingen-Mainz 1971; *H. Jonas,* Das Prinzip Verantwortung. Versuch einer Ethik für die technologische Zivilisation. Frankfurt 1979.

(282) Vgl. *A. Gehlen,* Anthropologische Forschung. Zur Selbstbegegnung und Selbstentdeckung des Menschen. Reinbek 1961, S. 48.

(283) Vgl. *A. Gehlen,* Die Seele im technischen Zeitalter. Sozialpsychologische Probleme in der industriellen Gesellschaft. Reinbek 1957, vgl. S. 7/22.

(284) Vgl. *I. Rechenberg,* Evolutionsstrategie. Optimierung technischer Systeme nach Prinzipien der biologischen Evolution. Stuttgart-Bad Cannstatt 1973; *H. Stachowiak,* Allgemeine Modelltheorie. Wien, New York 1973.

(285) Vgl. hierzu etwa *G. Petrović,* Philosophie und Revolution. Reinbek 1971; *E. Bloch,* Experimentum Mundi. Frage, Kategorien des Herausbringens, Praxis. Frankfurt a. M. 1975.

(286) Vgl. S. 39/42 und S. 132 in diesem Buch.

(287) *J. Habermas,* Theorie und Praxis. Sozialphilosophische Studien. Frankfurt . Am. 1971, S. 333 f.

Auswahlbibliographie

Akademie der Wissenschaften der UdSSR (Hrsg.): Mensch, Wissenschaft, Technik. Moskau 1973.

Albert, H.: Traktat über kritische Vernunft. 2. Auflage. Tübingen 1969.

Bahr, H.-D.: Kritik der ‚Politischen Technologie'. Eine Auseinandersetzung mit Herbert Marcuse und Jürgen Habermas. Frankfurt 1970.

Balke, S.: Vernunft in dieser Zeit. Der Einfluß von Wirtschaft, Wissenschaft und Technik auf unser Leben. Düsseldorf – Wien 1962.

Balkhausen, D.: Die dritte industrielle Revolution. Wie die Mikroelektronik unser Leben verändert. Düsseldorf – Wien 1978.

Becher, P.: Mensch und Technik im Denken Friedrich Dessauers, Martin Heideggers und Romano Guardinis. Frankfurt, Cincinnati, Kaiserslautern 1974.

Beck, H.: Kulturphilosophie der Technik. Perspektiven zu Technik – Menschheit – Zukunft. Trier 1979.

Beckmann, J.: Anleitung zur Technologie. 2. Auflage. Göttingen 1780.

Bender, U.: Technik, technischer Fortschritt und sozioökonomische Zusammenhänge bei Friedrich von Gottl-Ottlilienfeld. Frankfurt, Bern, New York 1985.

Blenke, H.: Zur Synthese von Wissenschaft und Technik. In: Mitteilungen der Deutschen Forschungsgemeinschaft. Oktober 1966, S. 2/6.

Blumenberg, H.: Der Prozeß der theoretischen Neugierde. Frankfurt 1973.

Bohring, G.: Technik im Kampf der Weltanschauungen. Ein Beitrag zur Auseinandersetzung der marxistisch-leninistischen Philosophie mit der bürgerlichen „Philosophie der Technik". Berlin 1976.

Brinkmann, D.: Mensch und Technik. Grundzüge einer Philosophie der Technik. Bern 1946.

Buch, A. J., u. *J. Splett* (Hrsg.): Wissenschaft – Technik – Humanität. Beiträge zu einer konkreten Ethik. Frankfurt 1982.

Büchel, W.: Die Macht des Fortschritts. Plädoyer für Technik und Wissenschaft. München 1981.

Buchholz, A.: Die große Transformation. Gesellschaftliche Zukunftserwartungen und naturwissenschaftlich-technischer Fortschritt. Stuttgart 1968.

Bulgarian Academy of Sciences (Ed.): Science, Technology, Man. Sofia 1973.

Calder, N.: Technopolis. Kontrolle der Wissenschaft durch die Gesellschaft. Düsseldorf – Wien 1971.

Dessauer, F.: Streit um die Technik. Frankfurt 1956.

Dessauer, F.: Philosophie der Technik. Das Problem der Realisierung. Bonn 1927.

Ferguson, E. S.: Bibliography of the History of Technology. Cambridge, Mass. 1968.

Ferkiss, V. C.: Der technologische Mensch. Mythos und Wirklichkeit. Hamburg 1970.

Flechtheim, O. K.: Futurologie. Der Kampf um die Zukunft. Köln 1971.

Forsthoff, E.: Der Staat in der Industriegesellschaft. München 1971.

Frank, H. (Hrsg.): Kybernetik – Brücke zwischen den Wissenschaften. 3. Auflage. Frankfurt 1964.

Freemann, Ch., u. *M. Jahoda* u. a. (Hrsg.): Die Zukunft aus dem Computer? Eine Antwort auf „die Grenzen des Wachstums". Neuwied 1973.

Freyer, H.: Über das Dominantwerden technischer Kategorien in der Lebenswelt der industriellen Gesellschaft. Mainz 1960.

Gehlen, A.: Die Seele im technischen Zeitalter. Hamburg 1957.

Gehlen, A.: Anthropologische Forschung. Zur Selbstbegegnung und Selbstentdeckung des Menschen. Reinbek 1961.

Gerber, U. (Hrsg.): Grundlagen der Moral. Loccum 1974.

Glaser, W. R.: Soziales und instrumentales Handeln. Probleme der Technologie bei Arnold Gehlen und Jürgen Habermas. Stuttgart 1972.

Habermas, J.: Erkenntnis und Interesse. Frankfurt 1968.

Habermas, J.: Technik und Wissenschaft als „Ideologie". 2. Auflage. Frankfurt 1970.

Habermas, J.: Theorie und Praxis. Sozialphilosophische Studien. 4. erweiterte Auflage. Frankfurt 1971.

Habermas, J.: Können komplexe Gesellschaften eine vernünftige Identität ausbilden? In: *Habermas, J./Henrich, D.:* Zwei Reden. Frankfurt a. M. 1974, S. 23/84.

Habermas, J., u. *N. Luhmann:* Theorie der Gesellschaft oder Sozialtechnologie. – Was leistet die Systemforschung? Frankfurt 1971.

Hansen, F.: Konstruktionssystematik. 2. Auflage. Berlin 1966.

Haverbeck, W. G.: Das Ziel der Technik. Olten-Freiburg 1965.

Heidegger, M.: Die Frage nach der Technik. In: Die Künste im technischen Zeitalter. Darmstadt 1956, S. 70/108.

Heidegger, M.: Die Technik und die Kehre. Pfullingen 1962.

Heidelmeyer, W. (Hrsg.): Die Menschenrechte. Erklärungen, Verfassungsartikel, Internationale Abkommen. Paderborn 1972.

Hermann, A.: Das Verhältnis von Naturwissenschaft und Technik in historischer Sicht. In: Technikgeschichte 43 (1976) Heft 2, S. 116/24.

Hetman, F.: Society and the Assessment of Technology. Premises, concepts, methodology, experiments, areas of application. Paris 1973.

Hillmer, H., R. W. Peters u. *M. Polke:* Studium, Beruf und Qualifikation der Ingenieure. Empirische Analyse zur tätigkeitsorientierten Ingenieurausbildung. Eine Umfrage des VDI. Düsseldorf 1976.

Honoré, P.: Es begann mit der Technik. Das technische Können der Steinzeitmenschen und wie es die moderne Vorgeschichtsforschung enträtselt. Stuttgart 1969.

Horkheimer, M.: Sozialphilosophische Studien. Frankfurt 1972.

Horkheimer, M.: Zur Kritik der instrumentellen Vernunft. Aus den Vorträgen und Aufzeichnungen seit Kriegsende. Hrsg. *A. Schmidt.* Frankfurt 1974.

Hortleder, G.: Das Gesellschaftsbild des Ingenieurs. Zum politischen Verhalten der technischen Intelligenz in Deutschland. Frankfurt 1970.

Hortleder, G.: Ingenieure in der Industriegesellschaft. Zur Soziologie der Technik und der naturwissenschaftlich-technischen Intelligenz im öffentlichen Dienst und in der Industrie. Frankfurt 1973.

Hörz, H., u. *D. Seidel:* Verantwortung – Schöpfertum – Wissenschaft. Berlin 1979.

Howe, G.: Gott und die Technik. Die Verantwortung der Christenheit für die wissenschaftlich-technische Welt. Hamburg – Zürich 1971.

Hübner, K.: Von der Intentionalität der modernen Technik. In: Sprache im technischen Zeitalter 25/1968, S. 27/48.

Huisinga, R.: Technikfolgenbewertung. Bestandsaufnahme, Kritik, Perspektiven. Frankfurt 1985.

Huning, A. (Hrsg.): Ingenieurausbildung und soziale Verantwortung. Düsseldorf – Pullach/München 1974.

Huning, A.: Die historische Funktion der Technik aus der Sicht der Philosophie. In: Technikgeschichte 43 (1976) Heft 2, S. 102/15.

Huning, A., u. *C. Mitcham* (Hrsg.): Technikphilosophie im Zeitalter der Informationstechnik. Wiesbaden 1986.

Institut für Marxistische Studien und Forschungen (IMSF) (Hrsg.): Wissenschaftliche und technische Intelligenz und Angestellte im Spätkapitalismus. Marxismus Digest 1/71. Frankfurt 1971.

Jaspers, K.: Die geistige Situation der Zeit. Berlin-Leipzig 1931.

Jaspers, K.: Vom Ursprung und Ziel der Geschichte. München 1949.

Jonas, H.: Das Prinzip Verantwortung. Versuch einer Ethik für die technologische Zivilisation. Frankfurt 1979.

Kapp, E.: Grundlinien einer Philosophie der Technik. Zur Entstehungsgeschichte der Cultur aus neuen Gesichtspunkten. Braunschweig 1877 (Nachdruck Düsseldorf 1978).

Kesselring, F.: Technische Kompositionslehre. Berlin 1954.

Klages, H.: Technischer Humanismus. Philosophie und Soziologie der Arbeit bei Karl Marx. Stuttgart 1964.

Klages, H.: Rationalität und Spontaneität. Innovationswege der modernen Großforschung. Gütersloh 1967.

Klaus, G.: Kybernetik - eine neue Universalphilosophie der Gesellschaft. Frankfurt 1973.

Klaus, G.: Kybernetik und Erkenntnistheorie. Berlin 1967.

Koch, C., u. *D. Senghaas* (Hrsg.): Texte zur Technokratiediskussion. Frankfurt 1970.

Kogon, E.: Die Stunde der Ingenieure. Technologische Intelligenz und Politik. Düsseldorf 1976.

König, G.: Was heißt Wissenschaftstheorie? Düsseldorf 1971.

Koeßler, P.: Christentum und Technik. Aschaffenburg 1959.

Korch, H.: Die wissenschaftliche Hypothese. Berlin 1972.

Kourim, G.: Wertanalyse. Grundlage, Methoden, Anwendungen. München – Wien 1968.

Kovács, G., u. *S. Wollgast* (Hrsg.): Technikphilosophie in Vergangenheit und Gegenwart. Berlin 1984.

Krämer-Friedrich, S.: Zur Entwicklung der Konzeption ‚wissenschaftlich-technische Revolution' in der DDR-Theorie. In: Deutschland-Archiv 9 (1976) Sonderheft „Wissenschaftlich-technische Revolution und industrieller Arbeitsprozeß", S. 53/74.

Krauch, H.: Computer-Demokratie. Düsseldorf 1971.

Kreuzer, H., u. *W. Klein* (Hrsg.): Literarische und naturwissenschaftliche Intelligenz. Dialog über die „zwei Kulturen". Stuttgart 1969.

Kröber, G., u. *M. Lorf* (Hrsg.): Wissenschaftliches Schöpfertum. Berlin 1972.

Kuhlmann, A.: Alptraum Technik? Zur Bewertung der Technik unter humanitären und ökonomischen Gesichtspunkten. Köln 1977.

Kusin, A. A.: Karl Marx und Probleme der Technik. Leipzig 1970.

Lenk, H.: Philosophie im technologischen Zeitalter. Stuttgart 1971.

Lenk, H. (Hrsg.): Neue Aspekte der Wissenschaftstheorie. Braunschweig 1971.

Lenk, H.: Erklärung, Prognose, Planung. Skizzen zu Brennpunktproblemen der Wissenschaftstheorie. Freiburg 1972.

Lenk, H. (Hrsg.): Technokratie als Ideologie. Sozialphilosophische Beiträge zu einem politischen Dilemma. Stuttgart 1973.

Lenk, H. (Hrsg.): Handlungstheorie – interdisziplinär. Band IV: Sozialwissenschaftliche Handlungstheorien und spezielle systemwissenschaftliche Ansätze. München 1977.

Lenk, H.: Zur Sozialphilosophie der Technik, Frankfurt 1982.

Lenk, H., u. *S. Moser* (Hrsg.): Techne, Technik, Technologie. Philosophische Perspektiven. Pullach bei München 1973.

Lenk, H., u. *G. Ropohl:* Technische Intelligenz im system-technologischen Zeitalter. Düsseldorf 1976.

Linde, H.: Sachdominanz in Sozialstrukturen. Tübingen 1972.

Lindenberg, B. M.: Das Technikverständnis in der Philosophie der DDR. Frankfurt, Bern, Cirencester 1979.

Luck, W. A. P.: Homo investigans. Der soziale Wissenschaftler. Darmstadt 1976.

Luhmann, N.: Zweckbegriff und Systemrationalität. Über die Funktion von Zwecken in sozialen Systemen. Tübingen 1968.

Marcuse, H.: Der eindimensionale Mensch. Neuwied 1967.

Marhenkel, H., u. *W. König* (Hrsg.): Technikbewertung Wärmepumpe. Vorträge und Diskussionen. Düsseldorf 1985.

Meadows, De., Do. Meadows, E. Zahn u. *P. Milling:* Die Grenzen des Wachstums. Bericht des Club of Rome zur Lage der Menschheit. Stuttgart 1972.

Mesarović, M., u. *E. Pestel:* Menschheit am Wendepunkt. Stuttgart 1974.

Mitcham, C., u. *R. Mackey* (Ed.): Philosophy and Technology. Readings in the Philosophical Problems of Technology. New York 1972.

Mitcham, C., u. *R. Mackey:* Bibliography of the Philosophy of Technology. In: Technology and Culture. Vol. 14, Nr. 2, Part II, April 1973.

Mohr, H.: Wissenschaft und menschliche Existenz. Vorlesungen über Struktur und Bedeutung der Wissenschaft. 2. Auflage. Freiburg 1970.

Moser, S., u. *A. Huning* (Hrsg.): Werte und Wertordnungen in Technik und Gesellschaft. Düsseldorf, 2. Auflage 1978.

Moser, S., u. *A. Huning* (Hrsg.): Wertpräferenzen in Technik und Gesellschaft. Düsseldorf 1976.

Moser, S., G. Ropohl u. *W. Ch. Zimmerli* (Hrsg.): Die ‚wahren' Bedürfnisse – oder: wissen wir, was wir brauchen? Basel, Stuttgart 1978.

Müller, J.: Operationen und Verfahren des problemlösenden Denkens in der konstruktiven technischen Entwicklungsarbeit – eine methodologische Studie. In: Wissenschaftliche Zeitschrift der TH Karl-Marx-Stadt IX (1967) Heft 1/2, S. 5/51.

Müller-Schwefe, H.-R.: Technik und Glaube. Eine permanente Herausforderung. Göttingen – Mainz 1971.

Mumford, L.: Mythos der Maschine. Kultur, Technik und Macht. Wien 1974.

Nussbaum, H. v. (Hrsg.): Die Zukunft des Wachstums. Kritische Antworten zum „Bericht des Club of Rome". Düsseldorf 1973.

Odum, H. T.: Environment, Power and Society. New York 1971.

Oelmüller, W. (Hrsg.): Fortschritt wohin? Zum Problem der Normenfindung in der pluralen Gesellschaft. Düsseldorf 1972.

Ortega y Gasset, J.: Betrachtungen über die Technik. Stuttgart 1947.

Peters, R. W., u. *M. Polke:* Verfahren zur Objektivierung der Studienreform. Düsseldorf 1971.

Peters, R. W., u. *M. Polke:* Beruf und Ausbildung der Ingenieure. Eine empirische Untersuchung. Düsseldorf 1973.

Pfeiffer, W.: Allgemeine Theorie der technischen Entwicklung als Grundlage einer Planung und Prognose des technischen Fortschritts. Göttingen 1971.

Popper, K. R.: Logik der Forschung. 3. Auflage, Tübingen 1969.

Rapoport, A.: Philosophie heute und morgen. Einführung ins operationale Denken. Darmstadt 1970.

Rapp, F. (Ed.): Contributions to a Philosophy of Technology. Studies in the Structure of Thinking in the Technological Sciences. Dordrecht (Holland), Boston (USA) 1974.

Rapp, F.: Analytische Technikphilosophie. Freiburg/München 1978.

Rapp, F. (Hrsg.): Ideal und Wirklichkeit der Techniksteuerung. Sachzwänge – Werte – Bedürfnisse. Vorträge und Diskussionen. Düsseldorf 1982.

Rapp, F., u. *P. T. Durbin* (Hrsg.): Technikphilosophie in der Diskussion. Ergebnisse des deutsch-amerikanischen Symposiums in Bad Homburg (W. Reimers-Stiftung) 7.–11. April 1981. Braunschweig/Wiesbaden 1982.

Rapp, F., R. Jokisch u. *H. Lindner:* Determinanten der technischen Entwicklung. Strukturmodelle in der Geschichtsschreibung über die Industrialisierung in Europa. Berlin 1980.

Rechenberg, I.: Evolutionsstrategie. Optimierung technischer Systeme nach Prinzipien der biologischen Evolution. Stuttgart-Bad Cannstadt 1973.

Rodenacker, W. G.: Methodisches Konstruieren. Berlin 1970.

Ropohl, G. (Hrsg.): Systemtechnik – Grundlagen und Anwendung. München 1975.

Ropohl, G. u. a.: Maßstäbe der Technikbewertung. Vorträge und Diskussionen. Düsseldorf 1978.

Ropohl, G.: Eine Systemtheorie der Technik. Zur Grundlegung der Allgemeinen Technologie. München-Wien 1979.

Ropohl, G.: Die unvollkommene Technik. Frankfurt 1985.

Ropohl, G., W. Schuchardt u. *H. Lauruschkat:* Technische Regeln und Lebensqualität. Analyse technischer Normen und Richtlinien. Düsseldorf 1984.

Rose, G.: „Industriegesellschaft" und Konvergenztheorie. Genesis, Strukturen, Funktionen. Berlin 1971.

Roth, H. (Hrsg.): Technik als Bildungsaufgabe der Schulen. Hannover 1965.

Sachsse, H.: Technik und Verantwortung. Probleme der Ethik im technischen Zeitalter. Freiburg 1972.

Sachsse, H.: Anthropologie der Technik. Ein Beitrag zur Stellung des Menschen in der Welt. Braunschweig 1978.

Sachsse, H. (Hrsg.): Möglichkeiten und Maßstäbe für die Planung der Forschung. München – Wien 1974.

Sachsse, H. (Hrsg.): Technik und Gesellschaft. Band 1: Literaturführer. Pullach bei München 1974; Band 2: Ausgewählte und kommentierte Texte: Die Darstellung der Technik in der Literatur. Organisationsformen technischer Zusammenarbeit. München 1976; Band 3: Ausgewählte und kommentierte Texte: Selbstzeugnisse der Techniker. Philosophie der Technik. München 1976.

Sachsse, H.: Ökologische Philosophie. Natur – Technik – Gesellschaft. Darmstadt 1984.

Scheler, M.: Der Formalismus in der Ethik und die materiale Wertethik. 2. Auflage. Halle 1921.

Scheler, M.: Die Stellung des Menschen im Kosmos. München 1947.

Scheler, M.: Die Wissensformen und die Gesellschaft. 2. Auflage. Bern – München 1960.

Schelsky, H.: Der Mensch in der wissenschaftlichen Zivilisation. Köln-Opladen 1961.

Schelsky, H.: Systemüberwindung, Demokratisierung und Grundsatzkonflikte der Bundesrepbulik. 3. Auflage. München 1973.

Schilling, K.: Philosophie der Technik. Die geistige Entwicklung der Menschheit von den Anfängen bis zur Gegenwart. Herford 1968.

Schimank, H.: Der Ingenieur. Entwicklungswege eines Berufes bis Ende des 19. Jahrhunderts. Köln 1961.

Schirmacher, W.: Technik und Gelassenheit. Zeitkritik nach Heidegger. Freiburg, München 1983.

Schlösser, F.-J., u. *P. Teckentrup* (Hrsg.): Technik zwischen Macht und Mangel. Düsseldorf 1978.

Schmelzer, H.: Naturwissenschaft und Technik im Urteil der deutschen Presse. Düsseldorf 1968.

Schnellmann, G.: Theologie und Technik. 40 Jahre Diskussion um die Technik, zugleich ein Beitrag zu einer Theologie der Technik. Bonn 1974.

Schröter, M.: Philosophie der Technik. München – Berlin 1934.

Schuchardin, S. W.: Grundlagen der Geschichte der Technik. Leipzig 1963.

Schulz, W.: Philosophie in der veränderten Welt. Pfullingen 1972.

Schuurman, E.: Technology and the Future. A Philosophical Challenge. Toronto 1980.

Seibicke, W.: Technik. Versuch einer Geschichte der Wortfamilie um τέχνη in Deutschland vom 16. Jahrhundert bis etwa 1830. Düsseldorf 1968.

Shrader-Frechette, K.: Risk Analysis and Scientific Method. Methodological and Ethical Problems with Evaluating Societal Hazards. Dordrecht 1985.

Snow, C. P.: Die zwei Kulturen. Literarische und naturwissenschaftliche Intelligenz. Stuttgart 1967.

Spitaler, A., u. *A. Schieb* (Hrsg.): Wissen und Gewissen in der Technik. Graz, Wien, Köln 1964.

Sprout, H., u. *M. Sprout:* Ökologie. Mensch – Umwelt. München 1971.

Stachowiak, H.: Gedanken zu einer allgemeinen Theorie der Modelle. In: Studium Generale 18 (1965) Heft 7, S. 432/63.

Stachowiak, H.: Denken und Erkennen im kybernetischen Modell. 2. Auflage. Wien 1969.

Stachowiak, H.: Allgemeine Modelltheorie. Wien – New York 1973.

Stegmüller, W.: Probleme und Resultate der Wissenschaftstheorie und der Analytischen Philosophie. Berlin – Heidelberg – New York, Band I 1969, Band II 1971.

Steinbuch, K., u. *S. Moser* (Hrsg.): Philosophie und Kybernetik. München 1970.

Steinbuch, K.: Mensch, Technik, Zukunft. Basiswissen für die Probleme von morgen. Stuttgart 1971.

Stork, H.: Einführung in die Philosophie der Technik. Darmstadt 1977.

Stoskowa, N. N.: Friedrich Engels über die Technik. Leipzig 1971.

Strasser, J., u. *K. Traube:* Die Zukunft des Fortschritts. Der Sozialismus und die Krise des Industrialismus. Bonn 1981.

Tessmann, K.: Probleme der technisch-wissenschaftlichen Revolution. Berlin 1962.

Thring, M. W.: Man, Machines and Tomorrow. London – Boston 1973.

Timm, A.: Einführung in die Technikgeschichte. Berlin 1972.

Titze, H.: Möglichkeiten und Eigenheiten des Fortschritts. In: Verhandlungen der Schweizerischen Naturforschenden Gesellschaft 1971, S. 154/69.

Traebert, W. E., u. *H.-R. Spiegel* (Hrsg.): Technik als Schulfach. Zielsetzung und Situation des Technikunterrichts an allgemeinbildenden Schulen. Düsseldorf 1976.

Tuchel, K.: Die Philosophie der Technik bei Friedrich Dessauer. Ihre Entwicklung, Motive und Grenzen. Frankfurt 1964.

Tuchel, K.: Herausforderung der Technik. Gesellschaftliche Voraussetzungen und Wirkungen der technischen Entwicklung. Bremen 1967.

Tuchel, K.: Sinn und Deutung der Technik. Stuttgart (o. J.).

Ullrich, I.: Die politisch-ideologischen Funktionen der vom VDI verbreiteten Auffassungen über die Entwicklung der Technik und ihre Rolle als Faktor des gesellschaftlichen Lebens (Dissertation). Karl-Marx-Stadt 1969.

Ulmann, G.: Kreativität. Neue amerikanische Ansätze zur Erweiterung des Intelligenzkonzpets. 2. Auflage. Weinheim 1970.

Verein Deutscher Ingenieure (Hrsg.): Mensch und Technik. Veröffentlichungen 1961/62, 1963/64, 1965/66, 1967/68, 1969/70, 1971/72. Düsseldorf 1962–1974.

Verein Deutscher Ingenieure (Hrsg.): Technik und Gesellschaft. Wechselwirkungen – Einflüsse – Tendenzen. Freiburg 1968.

Verein Deutscher Ingenieure (Hrsg.): Wirtschaftliche und gesellschaftliche Auswirkungen des technischen Fortschritts. Düsseldorf 1971.

Verein Deutscher Ingenieure (Hrsg.): Studium der Technik – Ingenieure von morgen. Düsseldorf 1971.

Weizenbaum J.: Die Macht der Computer und die Ohnmacht der Vernunft. Frankfurt 1978.

Wertheimer, M.: Produktives Denken. 2. Auflage. Frankfurt 1964.

Wetter, G. A.: Der dialektische Materialismus. Seine Geschichte und sein System in der Sowjetunion. 5. Auflage. Freiburg 1960.

Wollgast, S., u. *G. Banse:* Philosophie und Technik. Zur Geschichte und Kritik, zu den Voraussetzungen und Funktionen bürgerlicher „Technikphilosophie". Berlin 1979.

Zbinden, H.: Der Mensch im Spannungsfeld der modernen Technik. München – Düsseldorf 1970.

Zimmerli, W. Ch. (Hrsg.): Technik – oder: wissen wir, was wir tun? Basel, Stuttgart 1976.

Zschimmer, E.: Philosophie der Technik. Vom Sinn der Technik und Kritik des Unsinns über die Technik. Jena 1914.

Deutsche Zeitschrift für Philosophie. Sonderheft 1965: „Die marxistisch-leninistische Philosophie und die technische Revolution". Berlin 1965.

Deutsche Zeitschrift für Philosophie. Sonderheft 1973: „Mensch, Wissenschaft und Technik im Sozialismus". Berlin 1973.

Man, Science, Technology. A Marxist Analysis of the Scientific-Technological Revolution. Moscow – Prague 1973.

Proceedings of the XVth World Congress of Philosophy. Vol. I–VI. Sofia 1973–1975.

Technology and Culture. Vol. VII, Nr. 3, 1966: „Toward a Philosophy of Technology".

Namenverzeichnis

S

T

U

Sachwortverzeichnis

A

B

C

G

H

I

K

L

M

N

O

P

Q

R

S

T

U

V

W

Z